U0216688

本书受福建省本科高校教育教学改革研究重大项目
"涉海高校基于海岸带防灾减灾的应急管理人才培养研究"
（FBJG20200175）项目资助

应急管理系列教材

总主编：沈灿煌

海岸带灾害应急管理概论

主　编：祁佳睿　赵向莉

副主编：杨春艳

厦门大学出版社　国家一级出版社

XIAMEN UNIVERSITY PRESS　全国百佳图书出版单位

图书在版编目（CIP）数据

海岸带灾害应急管理概论 / 祁佳睿，赵向莉主编；
杨春艳副主编. -- 厦门：厦门大学出版社，2022.9
应急管理系列教材 / 沈灿煌总主编
ISBN 978-7-5615-8693-8

Ⅰ．①海… Ⅱ．①祁… ②赵… ③杨… Ⅲ．①海岸带
－地质灾害－危机管理－教材 Ⅳ．①P732

中国版本图书馆CIP数据核字(2022)第141079号

出 版 人	郑文礼
责任编辑	江珏玙
策划编辑	张佐群
封面设计	蔡炜荣
技术编辑	朱　楷

出版发行 厦门大学出版社

社　　址	厦门市软件园二期望海路 39 号
邮政编码	361008
总　　机	0592-2181111　0592-2181406(传真)
营销中心	0592-2184458　0592-2181365
网　　址	http://www.xmupress.com
邮　　箱	xmup@xmupress.com
印　　刷	厦门市明亮彩印有限公司

开本	787 mm×1 092 mm　1/16
印张	10.5
插页	2
字数	212 千字
版次	2022 年 9 月第 1 版
印次	2022 年 9 月第 1 次印刷
定价	36.00 元

本书如有印装质量问题请直接寄承印厂调换

厦门大学出版社
微信二维码　　　厦门大学出版社
微博二维码

总　序

　　2019 年 11 月 29 日,习近平总书记在主持中共中央政治局第十九次集体学习时强调,应急管理是国家治理体系和治理能力的重要组成部分,承担防范化解重大安全风险、及时应对处置各类灾害事故的重要职责,担负保护人民群众生命财产安全和维护社会稳定的重要使命。2020 年新冠肺炎疫情暴发,在应对社会性重大突发事件过程中暴露出的短板和不足,反映出健全国家应急管理体系、提高处理急难险重任务的能力迫在眉睫。加强应急管理体系和能力建设,强化应急管理全流程理论研究与教学实践,既是一项紧迫任务,又是一项长期任务。因此,发挥高校人才和智力优势,助力国家的应急管理人才培养和科学研究是新时代高校肩负的神圣使命。

　　集美大学是习近平同志曾经担任过校董会主席的高校,当年习近平同志要求集美大学充分调动师资队伍的科技要素和社会结合,最后在产学研优化结合方面对社会生产力的发展做出贡献,突出集美大学的学科特色,加上体制创新,培养更多的学科增长点。集美大学发挥学科专业优势,积极参与国家应急管理体系建设,2020 年经批准成为福建省唯一的"应急安全指挥学习工场(2020)"暨应急管理学院建设试点高校,致力于培养应急管理领域高层次研究与实践人才。2021 年,集美大学申办应急管理专业获批;同年,应急管理研究院正式成立。高起点办好一流专业,需要一流师资、一流课程,更需要一流教材。学校联合国内应急管理龙头企业加强应急管理体系建设,组织一批应急管理专家学者开展理论研究和实践教学总结，邀请国内应急管理有关专家，高标准、高质量编写了应急管理系列教材，包括《应急管理基础理论》《应急管理工程技术理论》《应急管理信息化应用》《应急管理法律理论与实践》《海岸带灾害应急管理概论》《海洋灾害与应急管理》《邮轮安全与应急管理》《应急管理案例分析与研究》。该系列教材紧密结合国家应急管理实践要求，注重应急管理基础理论、技术应用、实际案例、法律法规、涉海应急等内容的梳理，将我校"工海"优势学科应用于涉海应急管理领域，形成独具特色的涉海应急管理教学、研究一体化教材。

该系列教材的出版，表明了集美大学对服务好国家应急管理战略的决心和能力，是我校应急管理学科专业建设的阶段性成果，展示了我校应急管理专业建设成效，极大地增强了应急管理人才培养能力，提升了我校应急管理的研究水平。下一步，我校将进一步深化应急管理研究成果和实践教学的应用和转化，为服务国家应急管理战略贡献更大的力量。

2022.5.28

前　言

　　海洋资源的开发和利用大都集中或借助于海岸带，但是海岸带是水圈、岩石圈、生物圈和大气圈相互作用的交集地带，在波浪、潮汐、海面波动、地壳运动和气候变化等动力因素综合作用下，海岸带区域灾害类型多，是陆地与海洋各种自然灾害叠合发展的区域，是面临严峻挑战的前沿地带。

　　2004 年 12 月，印度洋地震引发海啸，成为人类历史上同类灾害中造成死亡、受伤人数最多的一次灾害。海啸造成的死亡和失踪人数达到 30 多万人，造成的经济损失超过了 200 亿美元。2011 年 10 月 28—30 日，"桑迪"飓风袭击美国东部海岸，毁坏大量基础设施，导致大范围的街区通信中断、停电断水，并且引发了许多火灾和交通等方面的事故，800 万居民受飓风灾害影响，113 人因此死亡。自 2007 年以来，浒苔绿潮连续 16 年影响我国青岛近海一带，对沿岸景观、环境以及养殖产业带来严重影响，2021 年则是历史最大规模的一轮侵袭，黄海浒苔的覆盖面积一度高达 2020 年的 9 倍之多。2019 年 9 月 25 日，联合国政府间气候变化专门委员会（IPCC）发布《气候变化中的海洋和冰冻圈特别报告》，报告显示，2006—2015 年全球平均海平面的上升速率为 3.6 毫米/年，是 1901—1990 年的 2.5 倍。大多数地区历史上百年一遇的水位将变为一年一遇，海平面上升和极端海洋气候所导致的海岸侵蚀、海水入侵等灾害在本世纪将会显著增加。

　　2019 年 11 月 29 日，中央政治局就我国应急管理体系和能力建设进行第十九次集体学习，习近平总书记在主持学习时指出，新中国成立后，党和国家始终高度重视应急管理工作，我国应急管理体系不断调整和完善，应对自然灾害和生产事故灾害能力不断提高，成功应对了一次又一次重大突发事件，有效化解了一个又一个重大安全风险，创造了许多抢险救灾、应急管理的奇迹，我国应急管理体制机制在实践中充分展现出自己的特色和优势。应急管理作为国家治理体系和治理能力的重要组成部分，承担防范化解重大安全风险、及时应对处置各类灾害事故的重要职责，担负保护人民群众生命财产安全和维护社会稳定的重要使命。要发挥我国应急管理体系的特色和优势，借鉴国外应急管理有益做法，积极推进我国应急管理体系和能力现代化。

在这样的背景下，掌握如何应对在脆弱海岸带地区所发生的变化，了解这些变化可能对海岸带本身及社会群体生活生产所造成的影响，是本教材的学习目标。具体来说就是，学习海岸带灾害与海岸带灾害应急管理的基本概念及内容，学习海岸带灾害应急预案编制与灾害响应基本程序，了解基于海岸带灾害的风险情景、灾难救援与减灾—备灾—响应—恢复的应急相关知识和技术等，增强海洋防灾减灾意识，提高参与海洋灾害应急管理的能力，以适应当前更完善的应急管理机制，成为具有综合应急管理与响应能力的应用型人才。

本教材共九章，第一章"海岸带及海岸带灾害的基础知识"，从海岸带及海岸带灾害的基础知识入手，介绍海岸带灾害应急管理的理论基础与研究内容。第二章"海岸带灾害应急管理基础知识"，从管理学的角度，探讨应急管理的原则与过程、应急决策、灾害应急管理组织、海岸带灾害应急救援队伍、灾害应急领导和应急管理过程中的利益相关者。第三章"海岸带灾害风险管理"，首先界定了海岸带灾害的致灾因子、承灾体和孕灾环境，然后通过致灾因子风险分析、承灾体暴露分析、承灾体脆弱性分析，对海岸带灾害风险进行评估，进而确定灾害级别，为采取相应的应急响应提供依据。第四章"海岸带灾害应急管理的'一案三制'"，介绍了海岸带灾害应急预案、海岸带灾害应急管理体制、机制与法制的基本内容。第五章"海岸带灾害应急资源管理"，包括应急资源的构成、储备、调度、征用，应急疏散与避难设施规划和灾害保险等内容。第六章"海岸带灾害应急管理技术"，介绍了几种在海岸带灾害应急管理中常用的典型技术，如应急信息管理系统、备灾技术、3S技术、海洋预报技术、定位和搜寻技术和其他技术等。第七章"海岸带防灾工程及措施"，包括海岸带防灾工程，如海堤、防波堤、避风港、丁坝等，以及海岸带防灾非工程措施，包括建筑物选址、航道骤淤修复措施和沿海城市防内涝措施等。第八章"我国海岸带灾害应急管理实践"，总结了我国海岸带灾害应急管理实践。第九章"典型国家海岸带灾害应急管理机制与经验"，介绍了美国和日本两个国家的海岸带灾害应急管理机制与相关经验。

本教材适用于涉海高等院校工科类专业及其他管理类专业通识课程的教学,也可供应急管理、公共产业管理相关的研究人员参考,同时也可作为沿海城市各级政府部门学习应急管理知识的基础教材。本教材将为保障沿海地区经济社会可持续发展、支撑海洋强国建设发挥积极作用。

本教材是在集美大学规划处、教务处的组织下完成的,其间得到了公安部牛晋、古小燕、于春全和吴俊等专家以及工商管理学院陈福昌书记的指导与帮助,在此表示诚挚的谢意。

本教材由集美大学港口与海岸工程学院祁佳睿、赵向莉担任主编,杨春艳担任副主编。天津大学张金凤教授主审,书中第一、五、六、七章由祁佳睿编写,第二、三、四、八章由赵向莉编写,第九章由杨春艳编写,全书由祁佳睿统一定稿。

集美大学港口与海岸工程学院工程管理专业王怡宁等同学为本书的出版做了很多有益的工作,在此表示感谢。

本书虽然历经多次修改,但由于编者水平有限,难免出现不当甚至错误遗漏之处,敬请读者予以指正,在此一并致谢。

编者

2022 年 5 月

目　录

第一章

海岸带及海岸带灾害的基础知识

【本章要点】

1.海岸带界定的基本知识

2.海岸带的特点

3.海岸带灾害的种类和特征

4.海岸带灾害应急管理的研究内容

海岸带是地球系统的重要组成部分,海岸带治理及海岸带灾害的防范与管理是近年来被越来越受关注的重要研究领域。本章从海岸带及海岸带灾害的界定入手,了解海岸带灾害及其应急管理的理论基础与研究内容。

第一节　海岸带基础知识

一、海岸带界定

从地理学来看,海岸带是陆地与海洋的交接地带,一般是指海岸线向陆地和海洋两个方向扩展一定宽度的带状区域。海岸带的地理范围包括潮间带、陆域和近海海域。潮间带是海岸带的主体,是高潮水位与低潮水位间的地带,通常也称为海涂。

海岸带是一个特殊区域,其边界的确定通常由所需应对的特定问题来界定。因此,海岸带既有狭义的定义,即根据地理范围确定,也有广义的定义,由人为圈定一定的水域和陆域。海岸带的具体范围至今尚无统一的界定。不同地域根据各自的需要,进行了不同的界定,如表 1-1 所示。

表 1-1　不同地域的海岸带划定

地域	陆地界线	海上界线
中国	平均高潮位以上 10km	15 米等深线
以色列	平均高潮位以上 1~2km	平均低潮位以外 500m
澳大利亚南部	平均高潮位以上 100m	海岸基线以外 3 海里(约 556km)
巴西	平均高潮位以上 2km	平均高潮位下 12km
阿拉斯加	有影响的海岸开发项目边界范围	离岸 4.8km 的海域
佛罗里达	州的全部陆地面积	向东延伸 5.56km,墨西哥湾向西延伸 6.68km
夏威夷	州属水域和除州森林保护区以外的所有的陆地区域	
南卡罗来纳	8 个沿海县,包括潮间带、海滨、原始海滨沙丘和沿岸水域	

海岸带的边界划定需要考虑地理因素、地质因素、环境因素、经济技术因素及政治文化因素等。在国际上,公认的划界标准主要有以下四种:

(一)自然标志

主要根据海岸区域陆上和海底地形、地貌等自然特征来划定。一般有明显的土地标志或其他地形标志。向陆一侧的自然标志有沿海的山脉、分水线等地形或植被有明显变化的部分。用这种标准确定海岸带范围具有易于描述和理解的优点。如韩国《公有水面及海岸管理法纲要》规定:海岸带指的是以海为基准的海上部分和陆地部分。对于河口区域、三角洲区域及生态系保护区域等,可依据需要考虑地形条件和环境影响,将其范围按不同等级差别来规定。在我国,不同的省份,海岸带划界标准也不尽相同。如 2013 年颁布的《海南经济特区海岸带保护与开发管理规定》,规定海岸带包括海岸线向陆地侧延伸的滨海陆地与向海洋侧延伸的近岸海域。海岸带的具体界线范围由省政府依据海岸带保护治理与开发利用的实际,结合地形地貌具体划定,并向社会公布。

(二)经济地理标志

这种方法是从经济发展的角度出发,根据对陆、海区域经济活动影响最大的要素来划定海岸带的范围。这是为了发展经济而做出的区域划分标准。如我国《青岛市海岸带规划管理规定》规定,"海岸带是指胶州湾及青岛市其他近岸海域和毗连的相关陆域、岛屿。其控制范围自海岸线量起:海域至10海里等距线;陆域未建成区一般至1公里等距线,胶州湾西岸和北岸以环胶州湾公路为界(包括盐场);陆域建成区一般以临海第一条城市主要道路为界,海泊河以北以铁路为界;特殊区域以青岛市人民政府批准的海岸带规划控制范围为准"。2014年,海南省政府印发了《海南经济特区海岸带范围》和《海南经济特区海岸带土地利用总体规划(2013—2020年)》,采用了经济地理标准划定海岸带的具体界线范围:海岸带向陆地一侧界线,原则上以海岸线向陆地延伸5公里为界,结合地形地貌综合考虑岸线自然保护区、生态敏感区、城镇建设区、港口工业区、旅游景区等规划区具体划定。

(三)行政边界

行政边界主要用于向陆一侧,利用国家现有的行政区划确定。这种划分标准可以与行政区划相统一,具有易于分配管辖权、界线清楚、在法律上可行、不容易发生权力冲突的优点,如美国的北卡罗来纳、佛罗里达等州就采用这种方法。采用行政区域边界作为划定海岸带范围的标准,虽然简单,在法律上可行,但无法与生物、物理界线相一致,不利于该区域的保护。

(四)选取一定的环境单元

根据资源组合区来划定海岸带的管理范围。按照可靠的生态和科学依据,充分考虑了海岸带生态系统的整体性,是相对符合自然科学规律的划分方法,但环境单元本身专业性强,不易被了解,只能通过当地的勘察来制图。美国得克萨斯州的海岸带范围包括"三角洲、近岸海湾、小港湾和潮汐、牡蛎区、受河流影响的海湾、咸水湖、草滩等";文莱和印度尼西亚政府划定的海岸带陆界部分,包括了受潮汐影响的江河和其他地区;美国阿拉斯加海岸带的范围,延伸到包括溯河鱼类向陆地的生长环境。这类划分标准需要专门的调查研究才可确定边界。这一划分标准适用于海岸带灾害应急管理。

各国在相关法律法规或管理规划中确定海岸带范围时,鲜有采用单一划分标准的做法,基本上综合采用了两种以上的划分标准。一般而言,海岸带范围为近海水域、潮间带和潮上带,海上边界为海水波浪和潮流对海底有明显影响的区域,陆上边界为特大潮汛(含风暴潮)涉及的区域。目前还没有形成以法律的形式确定的全国一致的海岸带边界。《全国海岸带和海涂资源综合调查简明规程》规定:海岸带的宽度为离岸线向陆地一侧延伸10km,向海洋方向延伸到15m水深线。我国海岸带面积约285 000km²,包括

14个沿海省级行政区(包括香港特别行政区、澳门特别行政区和中国台湾省),横跨热带、亚热带和温带地区,海岸带对于我国沿海地区可持续发展具有极为重要的经济意义和战略意义。

二、海岸带的资源

海岸带是地球上四大自然圈层——岩石圈、水圈、大气圈、生物圈汇聚交错的地带,比其他任何地域都蕴藏更丰富的资源,包括物质资源、动力资源和空间资源等。物质资源包括鱼虾贝类、红树林、海藻等生物资源,海砂、砾石、石油、天然气、煤炭等矿产能源资源,以及海水、盐业、稀有元素等化学资源;动力资源包括潮汐能、波浪能和风能等;空间资源包括湿地、滩涂和港址等。

在海岸带开辟盐场,开发油田,提取食盐,开采石油、天然气及稀有元素矿物等资源,是人类获取资源的主要来源之一。海岸带蕴藏有潮汐能、盐差能、波浪能等可再生海洋能,是未来实现碳达峰、碳中和的可发展途径之一。

这些资源不仅单独发挥作用,而且通过资源间的结合,可以发挥更大的作用。例如海岸带开发利用的首要功能就是建造港口,进而为国家发展海运事业提供基础设施。同时海岸带具有丰富的海涂土地资源,而且海岸河口水域饵料丰富,因此利用海涂发展水产养殖业或者围海造地,可以拓展海岸带土地资源,为经济社会发展提供空间。

三、海岸带的特点

海岸带处于海陆相互剧烈作用的地带,具有独特的自然与社会属性。

(一)海岸带属于生态交错带

海岸带处于海陆交汇的地带,是一种十分典型的生态交错带。海岸带处于两种或两种以上的物质体系、能量体系与功能体系之间所形成的生态系统,植被分布具有不连续性,景观结构具有异质性,生态效应显著,环境脆弱。

(二)海岸带拥有丰富的自然资源

海岸带区域的资源包括煤、石油、天然气、海水、渔业、森林、滩涂、盐沼、海洋生物、矿产资源、风能、潮汐能以及自然人文景观等。例如潮汐能,潮汐能的工业规模开发始于 20 世纪 60 年代。1966 年 11 月,法国在圣马洛湾的朗斯河口,建成世界第一座装机容量为 24 万千瓦的潮汐发电站,年发电 5.44 亿千瓦·时。中国沿海潮汐能蕴藏量为年发电 2 750 亿千瓦·时,其中可供开发的总装机容量约 3 600 万千瓦,年发电 900 亿千瓦·时,1980 年建成江厦潮汐试验站,设计总装机容量 3 000 千瓦,年发电 1 070 万千瓦·时。

海岸带是地球系统中最有生机和活力的区域之一,具有很高的生物生产力。海岸带贡献了全球大约 25% 的生物生产力,提供了 75% 以上的海洋水产资源。同时,海岸带地区所独有的红树林、海草床、珊瑚礁和滨海湿地等为海洋生物提供了重要的栖息地和繁育场所,也是抵御风暴潮和海岸侵蚀等灾害的重要自然屏障。

(三)海岸带是人类活动和社会经济的主要区域

海岸带是人类活动频繁和经济活动强度较高的区域。据统计,世界上 60% 的人口和 2/3 的大中城市集中在沿海区域。我国的海岸带区域一直是经济发展最具活力的地区,以占国土总面积 14% 的陆域承载着全国 40% 以上的人口,沿海各省市地区经济总产值占国内生产总值的比例一直保持在 60% 以上。因此,海岸带对沿海地区的经济社会可持续发展具有十分重要的意义。

(四)海岸带区域灾害多发

海岸带是海洋、陆地、大气交互作用最强烈的地域之一,加上人类活动强度的增加,致使风暴潮、台风、地震海啸等自然灾害频发。

根据《2020 年中国海洋灾害公报》,2020 年我国沿海共发生风暴潮过程 14 次,7 次造成灾害,直接经济损失 8.10 亿元。其中台风风暴潮过程 10 次,6 次造成灾害,直接经济损失 5.56 亿元;温带风暴潮过程 4 次,1 次造成灾害,直接经济损失 2.54 亿元。

第二节　海岸带灾害的种类和特征

海岸带受海陆交互作用频繁而强烈,目前已成为承受巨大压力的生态系统:一方面,海岸侵蚀与淤积、海水入侵、地面塌陷、陆域崩塌、滑坡、水下三角洲、潮流沙脊、阶地陡坎、滑坡、浅层气、埋藏古河道、古海岸线、底辟、珊瑚礁等地质地貌因素形成海域地质灾害或潜在危险;另一方面,沿海城市建设、海岸带开发及海岸工程活动造成的滨海湿地退化、港口淤积等问题,使得灾害对于海岸带的威胁日益增强,海岸带地区的灾害风险问题日趋紧迫。

一、海岸带灾害的成因

海岸带灾害的成因主要表现在以下方面:

(一)陆地、海洋、大气强烈交互作用

海岸带是陆地、海洋、大气强烈交互作用、耦合的三维空间,这种强烈的耦合作用在海岸带地区产生巨大的地貌地势和季风过程,由于气流下垫面温度、压力条件差异,沿海岸带形成了一条风速变化增强带。从海岸到陆地方向风速递减,促使波浪向海岸逐渐增强。在风沙运移堆积、波浪向岸传递过程中,受沿岸地形影响,波浪发生变形,波能增强,形成与深水区不同的浅水波及沿岸激浪。

同时,潮汐作用和潮流也在海岸带形成独特的形式和动力作用:风、波浪、潮汐、沿岸流等在海岸带形成一个复杂的动力系统,使得海岸带成为能量交换最频繁的地带之一。这种能量、物质、结构以及功能的非均衡状态,变化速率快,空间移动能力强,牵动全球大气环流,带来显著的气候异常,这些影响就可能成为灾害发生的诱因。例如全球气候变暖、低纬度地区的海水表面温度产生异常等导致热带风暴频繁出现,而且强度加强,促使洪水泛滥和城市内涝等灾害发生。

海岸带既是最重要的经济带,同时也是主要的灾害带,因此也被称为海岸灾害带。在地理环境上我国东部从北部辽东湾到南部北部湾之间的沿海地带,处于西北太平洋风暴盆地西北缘,该盆地是世界最大热带风暴盆地,这使得我国沿海地区常常受到来自海洋、陆地两大自然地理单元的多种自然灾害侵袭,是热带气旋、暴雨、风暴潮、地震等自然灾害的易发区域。

(二)侵蚀和堆积

海岸侵蚀是在波浪、潮汐等海洋水动力作用下引起的岸线蚀退。自然原因和人为原因都可引起海岸侵蚀,自然原因包括台风、风暴潮等,人为原因包括在入海河流中上游修建防洪坝、拦水坝,海滩采砂,不合理的海岸工程建设等。

海岸带的堆积作用破坏了滨岸物质能量动态平衡,使海岸不断向远海方向推进。海岸后移速度与波浪能量和海滩物质的构成有关。波浪能量越大,海滩物质构造越疏松,海岸受侵蚀后退的速度就会越快,海岸带就呈现出不稳定的特征,经常发生空间迁

移,尤其是砂质海滩。

我国砂质海滩的侵蚀是很普遍的。如山东半岛平原岸段的海滩蚀退速率每年为 $1\sim3m$,造成海滩沙亏损每年约 2×10^7t。辽东半岛沙质岸段平均蚀退速率每年约 $1.5\sim2.0m$。福建沿海平原海岸的沙质海滩或沙丘蚀退速率每年约为 $1\sim4m$,而黄河在陕县的年输沙量为 1.6×10^9t,至利津为 1.1×10^9t,输沙量的 3/4 输入海洋。苏北平原在废黄河口附近的河岸线向东呈弧形突出于海中,这一带的海岸线在 660 年间向海伸展 $50\sim70km$,平均每 10 年伸展 1km。

(三)海岸带经济活动造成的生态破坏

经济的迅速发展,海岸带经济活动的增加,给海岸带区域带来越来越大的压力。具体包括:首先,城市的发展带来海岸带区域人口增长及生活方式改变,对海岸带脆弱的生态系统构成了压力,如来自陆地的生活污水排放,高能耗甚至高污染型企业等临海工业带来的潮间带区域生态环境的负担。其次,港口码头等海岸工程的建设与运营,不仅产生大量的废水和废物,而且占用岸线资源,带来海水入侵的风险。最后,沿海滩涂养殖业、滨海旅游业和其他海岸带陆域资源开发等活动,除了导致海岸轮廓发生变化,进而影响海岸动力对海岸的作用强度与作用方式外,对海岸带的污染亦不可小觑。目前,养殖业污染依然是重要的海岸带污染源。

因此,海岸带地区丰富的资源带来了高度的工业化和城市化,土地和水资源的过度利用,农、牧、渔业中的过度围垦等人类活动,通过大气圈、水圈、生物圈间的相互作用,导致气候异常和环境变化,这一过程也将是灾害形成的过程。

二、海岸带灾害的分类及典型灾害

海岸带灾害是指由于海洋和陆地的环境发生异常或激烈变化,导致在海岸带发生的严重危害社会、经济和生命财产的灾害活动。由于海岸带处于陆海的交互地带,海岸带灾害几乎包括陆地和海洋可能产生的所有主要灾种,如气象灾害(热带风暴等)、海洋灾害(风暴潮等)、地质灾害(地震等)、生态灾害(赤潮等)等。

根据发生机理,海岸带灾害包括突发性的海岸带灾害(台风、极端波浪、风暴潮、地震海啸、赤潮等)、缓发性的海岸带灾害(海岸侵蚀、海平面上升、海湾淤积等)和人为海岸带灾害(海洋污染、人工挖沙等)。可以简单地归结为 10 种海岸带灾害:台风、风暴潮、海冰、地震海啸、海岸侵蚀、洪涝、海水入侵、地基下沉、环境污染、海平面上升。典型的几种海岸带灾害的发生机理与危害介绍如下。

(一)台风灾害

台风是一种强大而深厚的热带天气系统,是热带气旋的一个类别。气象学上,世界气象组织将热带气旋中心持续风速在 12～13 级、风速为 32.7～41.4 m/s 的称为台风。台风与台风级别的对应关系如表 1-2 所示。

表 1-2　台风与台风级别的对应关系

名称	最大风速/(m/s)	台风级别
台风	32.7～41.4	12～13 级
强台风	41.5～50.9	14～15 级
超强台风	≥51.0	大于 16 级

根据中国气象局《热带气旋等级》国家标准(GB/T 19201—2006)的规定,我国按中心附近地面最大平均风速将热带气旋划分为六个等级,如表 1-3 所示。

表 1-3　中国气象局热带气旋等级

名称	底层中心附近最大平均风速/(m/s)	风力
热带低压	10.8～17.1	6～7 级
热带风暴	17.2～24.4	8～9 级
强热带风暴	24.5～32.6	10～11 级
台风	32.7～41.4	12～13 级
强台风	41.5～50.9	14～15 级
超强台风	≥51.0	16 级及以上

台风是一种破坏力很强的灾害性天气系统,台风过境时常常带来狂风暴雨天气,引起海面巨浪,严重威胁航海安全。其危害性主要有大风、暴雨和风暴潮三个方面。在台风经过的地区,可产生 150～300 mm 降雨,少数台风能直接或间接产生 1 000 mm 以上的特大暴雨。一般台风能使沿岸海水产生增水,最大增水可达 3.0 m。

台风对潮位的影响也较大。我国沿海受台风袭击的较广,发生时间多在每年 7—9 月,被袭击地区沿海岸多出现高潮、巨浪,破坏力很大,港口设施也会遭受不同程度的破坏。

(二)风暴潮灾害

风暴潮是一种灾害性的自然现象。风暴潮灾害是由强风和气压突然变化等剧烈大气扰动引起的,使受海水影响的海域水位大大超过平时的自然现象,又称"风暴增水"、"风暴海啸"、"气象海啸"或"风潮"。风暴潮容易引起海塘受损、人员伤亡、农田被淹没、海岸带房屋倒塌、渔船损坏、防汛墙垮塌等灾害。

1.热带风暴潮和温带风暴潮

按照诱发风暴潮的大气扰动特征,通常风暴潮分为由热带风暴(如台风、飓风等)所引起风暴潮和由温带气旋所引起的风暴潮两大类。

热带风暴潮以夏秋季为常见。其特点是:来势猛、速度快、强度大、破坏力强。凡是有台风影响的海洋国家、沿海地区均有台风风暴潮发生。

温带风暴潮,由温带气旋(又称为温带低气压,或叫锋面气旋)形成,多发生于春秋季节,夏季也时有发生。其特点是:增水过程比较平缓,增水高度低于台风风暴潮。主要发生在中纬度沿海地区,以欧洲北海沿岸、我国北方海区沿岸以及美国东海岸为多。

在我国,因温带气旋和冷空气活动产生的温带风暴潮,发生在春秋季节的渤海和黄海北部近岸;因热带气旋(台风)引起的台风风暴潮,大多发生于每年5—11月份的浙江、福建、广东、广西和海南临岸等地,夏季最为频繁。

2.风暴潮的三阶段现象

风暴潮通常呈现出一种特有的三阶段现象。第一阶段,在台风或飓风还远在大洋或外海的时候,亦即在风暴潮尚未到来以前,潮位发生变动,有时可达到 $20\sim30\mathrm{cm}$ 波幅的缓慢的波动;第二阶段,风暴已逼近或过境时,该地区水位将急剧升高,潮高能达到数米,被称为主振阶段,风暴潮灾害主要是在这一阶段,但这一阶段时间不太长,一般为数小时或一天;第三阶段,当风暴过境以后,即主振阶段过去之后,往往仍然存在一系列的假潮或自由波。

3.风暴潮成灾

风暴潮能否成灾,还要依据时间上是否与天文大潮的高潮重合。天文潮,是只由天文因素影响所产生的潮汐。天文潮是地球上海洋受月球和太阳引潮力作用所产生的潮汐现象。如果两者潮位叠加在一起,成灾的可能性就很大。如果风暴潮恰好与天文潮位高潮相重叠,就会使水位暴涨,海水涌进内陆,造成巨大破坏。

风暴潮灾害破坏性居海洋及海岸带灾害的首位,世界上绝大多数因强风暴引起的特大海岸灾害都是由风暴潮造成的。经常出现这种灾害的地域包括北太平洋西部、南海、东海、墨西哥湾、北大西洋西部、阿拉伯海、南印度洋西部、孟加拉湾、南太平洋西部诸沿岸和岛屿等处。在墨西哥湾沿岸及美国东岸遭受飓风侵袭而酿成飓风风暴潮;印度洋发生的热带风暴通常为旋风风暴潮。

风暴潮灾害的轻重,除受风暴增水和当地天文大潮高潮位的制约外,还要看受灾地区的地理位置、海岸形状、海底地形等。一般来说,地理位置正处于海上大风的正面袭击、海岸呈喇叭口形状、海底地势平缓的地区,由于这一区域通常人口密度大、经济发达,所以其所受的风暴潮灾害相对较为严重。据统计,热带气旋和温带气旋多发区附近,极易受大风的影响,产生风暴潮。具体来讲,全球热带气旋多发区有 8 个,其中突出的有西北和东北太平洋、北太平洋、孟加拉湾、南太平洋和西南印度洋等。而温带气旋多发区,大多分布在北纬 20°以北的海域,在北纬 20°以南一般不会出现。

(三)海浪灾害

海浪是指由风产生的海面波动,波长为数十厘米至数百米,波高为数厘米至 20m,在罕见的情况下可达 30m 以上。根据形成灾害性海浪的天气系统,海浪分为冷高压型海浪(也被称为寒潮型海浪)、台风型海浪、气旋型海浪、冷高压与气旋配合型海浪。根据海浪形态分为风浪、涌浪、近岸浪。标志海浪强度的要素主要有波高、波周期、波长和波速。

海浪灾害是指因海浪作用造成的灾害,在海上引起灾害的海浪叫灾害性海浪。通常指的灾害性海浪是指海上波高达 6m 以上的海浪。我国灾害性海浪主要分布在南海、东海,其次分布在黄海和台湾海峡。海浪灾害的影响主要体现在以下几个方面:

第一,巨浪可引起海上船舶倾覆、折断和触礁,摧毁海上平台,给海上运输和施工、渔业捕捞、海上军事活动等带来很大的灾害。

第二,巨浪可摧毁沿海的堤岸、海塘、码头等各类海工建筑物。海浪也会毁灭性地破坏沿岸工程设施,二次巨浪甚至可能会破坏整个港口的设施。据测量,近岸浪对海岸的压力,可达到每平方米 30~50t。

第三,海浪会携带大量泥沙进入海港、航道,造成航道淤塞等灾害。

第四,海啸是一种具有强大破坏力的海浪。当地震发生于海底时,因震波的动力而引起海水剧烈起伏,形成强大的波浪,向前推进,海水进入沿海地带,淹没沿海沿岸区域。

(四)海平面上升

海温、气温、气压、风和降水等是引起沿海海平面异常变化的重要原因。根据自然资源部海洋预警监测司《2020 年中国海平面公报》,中国沿海海平面变化总体呈波动上升趋势。1980—2020 年,中国沿海海平面上升速率为 3.4mm/a,高于同时段全球平均水平。2020 年,中国沿海海平面较常年高 73mm,为 1980 年以来第三高。2020 年 12月福建和广东沿海海平面均为 1980 年以来同期最高,较常年同期分别高 170mm 和159mm。其长期累积效应直接造成滩涂损失和生态环境破坏,并导致风暴潮、滨海城市洪涝和咸潮入侵加重,影响沿海地下淡水资源。同时,沿海地区的地面沉降导致相对海平面上升,加大海岸带灾害风险。

(五)海岸带地质灾害

近海与海岸带的地质灾害类型复杂,分布广泛。有地表的,也有地下的;有直接的,也有潜在的。例如分布广泛的海平面上升、海岸侵蚀、海水入侵、滨海滩涂湿地退化等之外,还有大量潜在的地质灾害,如地震、滑坡、液化、冲刷、海底沙体移动等影响海洋和海岸工程及人类的生活。

(六)海岸带生态灾害

海岸带生态灾害主要指由陆源污染物进入大海后所增加引发的赤潮、海域污染等海岸带和近海生态环境恶化,其通过河流输送、大气沉降、养殖投放及废物排放等多途径,加剧近海富营养化,引发低氧区扩大,暴发有害藻华、水母灾害及绿潮等严重的近岸海域生态灾害。

陆源污染物的产生原因通常包括丁坝、养殖围堤、围垦堤、交通围堤和防潮堤等造成的人工海岸线的不断增长,以及围填海、入海河流上游的水坝建设与沿海调水调沙等活动。这些污染物流入近海,引起河口及近海水动力和沉积环境变动。

赤潮是入海河口、海湾和近海水域由于水质严重污染和富营养化导致的海洋浮游生物异常增殖、海面水色异常变化的现象。赤潮会给海洋海岸环境、海洋渔业造成严重的危害和损失,也会破坏沿岸工程设施,给人类健康和生命安全带来威胁。我国海域引发赤潮的生物种类,主要为无毒性的中肋骨条藻、角毛藻、具齿原甲藻和具有毒害作用的米氏凯伦藻、棕囊藻、链状裸甲藻、亚历山大藻等。

同时需要注意的是,有的海岸带灾害单独成灾,如海冰、赤潮等;有的则表现为多灾种群发,如风暴潮一般与灾害性海浪、大风、暴雨等共同成灾,加大了防灾抗灾的难度;同时,有的海岸带灾害会引起衍生灾害,如风暴潮,风暴巨浪往往会引发海岸侵蚀,赤潮释放出的赤潮毒素有时会引起人畜中毒等。

三、海岸带灾害的特征

由于海岸带处于海洋与陆地的交接地域,海岸带灾害既包括了海洋灾害的一些类别,也包括了陆地灾害的一些类别,同时也是突发公共事件的一种,海岸带灾害的特征主要有:

(一)急剧性与突发性

海岸带灾害的发生通常很突然,发展也很迅速,进而灾害应对的反应时间较短。如每年在沿海地域发生的台风和风暴潮在登陆前,运行路线不确定,虽然有气象卫星等预报依据,气象部门也还是很难精确预报风暴潮发生的强度和范围。一旦来临便来势凶猛,瞬间释放巨大的能量。因此,人类对即将发生的风暴潮,即便已有所设防,也没有能力加以抑制或抗衡,甚至避之不及。2020年11月18日上午至19日上午,受温带气旋和冷空气共同影响,山东半岛、渤海湾和辽东半岛南部沿岸出现了一次较强的温带风暴潮过程,造成辽宁省直接经济损失达2.54亿元。

(二)复杂性与不确定性

海岸带灾害的不确定性主要体现为海岸带灾害发生的具体时间、影响地域、规模和强度通常都很难预测,也没有规律可循,使得对灾害的应对存在不确定性;同时,在灾害发生后后续发展存在不确定性。这种不确定性进而使灾害具有复杂性。而且海岸带灾害的承灾体分布较广,往往会给沿海地区造成破坏。而且在灾害结束后,随着海岸带环境的变化,可能出现联动的扩散效应,对更多的区域甚至内陆地区产生影响。

(三)衍生与破坏性

海岸带灾害的破坏性主要体现在它对人的生命财产安全和社会秩序的破坏上。这些破坏如果不能被很好地处置,进一步扩大,就有可能对社会稳定造成破坏。灾害发生后,常常诱发出其他灾害,即形成灾害链。

灾害链是指最早发生的原生灾害诱导产生的次生灾害,以及灾害发生之后破坏了人类生存条件,由此导致的一系列衍生灾害。这些链条上的灾害或有因果关系,或是同源,或是重现,都将增加灾害的破坏性,威胁海岸带区域人民的生命财产安全、生态和环境、社会秩序。有些破坏是暂时性的,而有些破坏产生的影响则是长期的,如台风引发的风暴潮灾害。

台风所产生的强烈的大气扰动(如强风和中心极低气压)引起海面潮位异常升高,再叠加上可能的天文大潮,极易形成破坏性巨大的风暴潮灾害。其所产生的风暴增水可以造成溃堤、漫滩而形成洪涝灾害,甚至引发海水倒灌,造成土壤盐渍化、淡水资源受污染,引发用水短缺。如1956年8月1日我国浙江象山台风、暴雨"二碰头",近中心最大平均风速达到70m/s,瞬间风速90m/s,掀起的巨浪10余米,受淹农田541万亩,毁损房屋71.5万间,死亡4 926人,冲毁江堤海塘869km,浙赣铁路路基毁坏10处,主要公路路基 38.5％受损。1994 年 17 号台风在浙江温州发生"三碰头"，台风、暴雨和农历七月十五天文大潮，近中心最大平均风速达到 55m/s，日降雨 620mm，浙江全省有 10 个市(地)48 个县(市、区)1 150 万人口不同程度受灾，189 个城镇(含乡镇)进水，倒塌房屋 10 万余间，受淹农田 565 万亩，死亡 1 239 人，冲毁江堤海塘 949km，经济损失达 131.5 亿元。2016 年 8 月上海发生"四碰头"现象，即台风、暴雨、天文大潮和太湖洪水同时发生。"尼伯特"台风引发的暴雨，迫使上海最大限度地降低河道水位，太湖湖水下泄，以避免大灾情发生。

(四)有限性和紧迫性

海岸带灾害作为灾害的一种，是以急剧运动的方式释放能量，潜伏时期积累的能量越多，急剧运动时期释放的能量也越大，但必定有个时空限度。从过程上看，自然灾害的形成一般经历环境条件—形成机制—启动机制—成灾机制的过程。因此，灾害一旦发生，要求应急决策者在信息不充分、发展趋势不明朗、资源不充足的情况下，快速对整个灾害事件做出评估预测，并做出有效决策，快速控制事态的发展，以免造成更多更大的损失。

第三节　海岸带灾害应急管理概述

海岸带可以提供居住、交通、旅游、渔业等机会，同时也具有风暴潮、台风、海啸、海岸侵蚀、海平面上升、海水入侵等风险。所以，海岸带灾害应急管理是建立在海岸动力学、灾害研究、应急管理等学科基础上进行研究的。

一、海岸带灾害应急管理的理论基础

(一)气象学与海洋气象学

气象学是把大气当作研究的客体，从定性和定量两方面来说明大气特征的学科，主要研究天气的变化规律，并进行预报。气象学是通过观测和研究各种大气现象、大气层与下垫面之间相互作用及人类活动所产生的气象效应等，系统科学地解释这些现象,提出其作用和效应,并阐明它们的发生和演变规律,为国民经济和人们的日常生活服务。

气象学的领域很广,其基本内容是:

(1)以大气为研究客体,探讨其特性和状态,如大气的组成、范围、结构、压强、温度、湿度、密度等。

(2)研究导致大气现象发生发展的能量来源及性质转化。

(3)研究大气现象的本质,从而在解释大气现象的基础上,寻求其发生、发展和变化的规律。

(4)探讨如何应用这些规律,采取一定的措施,为预测和改善大气环境服务(如人工降水、消雾、防雹等),使之能更适合于人类的生活和生产的需要。

海洋气象学是气象学的一个分支学科,也是海洋物理学的一个分支学科,是研究海洋与大气的相互作用,以及气象为海洋事业服务的科学。其主要研究海洋与大气之间的水分和热量的交换,以及海洋对天气和气候变化的影响、海洋冰冻状况等。具体包括:

(1)海洋气象的观测和试验。包括海洋气象观测方法的研究、海洋气象观测仪器和装置的研制、局部或大范围海域的海洋气象的调查研究。

(2)海洋天气分析和预报。研究海上的天气和天气系统及与其密切相关的海洋现象,包括海雾、海冰、海浪、风暴潮、海上龙卷风、热带风暴、温带气旋的机理分析及海洋水文气象预报、天气分析、天气预报等。

(3)海洋和大气的相互作用。在海洋气象学中所研究的海、气相互作用,主要是研究海洋和大气之间发生的热量、动量(或动能)、水分、气体和电荷等的输送和交换过程及其时空变异,海、气边界层的观测和理论,及大尺度海、气相互作用。这对于长期天气预报和气候预测有重要的价值。

海洋气象学是从生产活动中逐渐发展起来的一门学科,同时它还派生出分支学科——港湾气象学,研究港湾设计和港湾生产作业中的天气和气候问题。

(二)海洋科学

海洋科学是研究海洋的自然现象及其变化规律,以及与开发利用海洋有关的知识体系。它的研究对象是海洋,包括海水、溶解和悬浮于海水中的物质、海底沉积和海底岩石圈、生活于海洋中的生物以及海面上的大气边界层和河口海岸带。因此,海洋科学是地球科学的重要组成部分。

海洋科学的研究领域十分广泛,而海洋中各种自然过程相互作用,使海洋科学成为一门综合性很强的科学。海洋中发生的自然过程,大体上可分为物理过程、化学过程、地质过程和生物过程四类。对这四类过程的研究,相应地形成了海洋科学中相对独立的四个基础分支学科:海洋物理学、海洋化学、海洋地质学和海洋生物学。

(1)海洋物理学

海洋物理学是以物理学的理论和方法研究发生于海洋中的各种物理现象及其变化规律的学科,主要包括物理海洋学、海洋声学、海洋气象学、海洋光学、河口海岸带动力学等。其主要研究海水的各类运动和与大气及岩圈相互作用的规律,海洋中声、光、电的现象和过程,以及有关海洋观测的各种物理学方法。

(2)海洋化学

海洋化学是研究海洋各部分的化学组成、物质分布、化学性质和化学过程的学科。其研究内容主要是海洋水层和海底沉积以及海洋、大气边界层中的化学组成、物质的分布和转化,以及海洋水体、海洋生物体和海底沉积层中的化学资源开发利用中的化学问题等。海洋化学又包括化学海洋学和海洋资源化学等分支。

(3)海洋地质学

海洋地质学主要研究海岸和海底地形、海洋沉积物的组成和形成过程、洋底岩石、海底构造、海底矿产资源的分布和成矿规律、大陆边缘(包括岛弧-海沟系)和大洋中脊为主的板块构造,以及古海洋学等内容。

(4)海洋生物学

海洋生物学是研究海洋中一切生命现象及其规律的学科,主要研究海洋中生命的起源和演化,海洋生物的分类分布、形态和生长发育,进而阐明海洋生物的习性与海洋环境之间的关系,揭示海洋中发生的各种生物学现象及规律,为开发、利用和发展海洋生物资源服务。海洋生物学包括生物海洋学、海洋生态学等分支学科。各个分支学科不仅互相联系,而且互相渗透,又在不断萌生新的分支学科,如海洋地球化学、海洋生物化学、海洋生物地理学、古海洋学等。

海洋科学的研究,特别是在早期,具有明显的自然地理学方向,着重于从自然地理的地带性和区域性的角度研究海洋现象的区域组合和相互联系,以揭示区域特点、区域环境质量、区域差异和关系,形成了区域海洋学。

由于现代科学技术发展很快,海洋资源开发技术日新月异,因此在海洋科学研究中逐渐分化出应用学科和专业技术研究领域,如海洋工程,它始于为海岸带开发服务的海岸工程,即海岸防护、海涂围垦、海港建筑、河口治理等。到了20世纪后半期,世界人口和经济迅速增长,人类对蛋白质和能源的需求量也急剧增加,因此海洋工程除了包括海洋石油、天然气开采外,还包括深海采矿、海水淡化和综合利用、海洋能开发利用、海洋水下工程、海洋空间开发等。随着海洋开发、向海洋排泄废弃物增加等,海洋污染日趋严重,海洋环境保护越来越受到人们的重视,形成了海洋环境科学。

(三)海岸科学

海岸科学以海岸带(沿海陆域、沿岸海域及陆海过渡带)为主要研究对象,是一门研究海岸带结构、组成、性质及功能,陆海相互作用过程、机制、效应及其与人类活动和气候变化的关系,以及支持海岸带可持续发展的工程技术和管理政策的综合交叉性学科,涉及海岸地质、地理、生态、环境、资源、生物、灾害、信息、工程、经济、管理等多个学科领域。换言之,海岸科学是研究海岸带自然属性及功能、陆海相互作用和可持续发展的科学。其主要研究:

(1)海岸带自然属性、陆海相互作用及演变规律;

(2)高强度人类活动作用下海岸带变化与对策;

(3)全球气候变化(海平面上升)对海岸带的冲击与应对;

(4)支持海岸带与可持续发展研究的材料、方法、技术和模式。

(四)海岸工程

海岸工程是指在海岸带进行的各项建设工程,主要包括围海工程、海港工程、河口治理工程、海上疏浚工程、海岸防护工程、沿海潮汐发电工程和环境保护工程等。海岸工程按建设目的可以分为:

(1)护岸工程:抵御海浪和潮水袭击,保护岸滩不受侵蚀。

(2)挡潮闸工程:防止海水倒灌,保护淡水资源。

(3)港口及航道工程:发展海上运输,供船舶航行、停泊、装卸货物、接送旅客和进行补给。

(4)海洋能源开发工程:如兴建潮汐、潮流发电站,波浪发电装置等。

(5)滩涂和海上养殖工程:利用海水功能在潮上带、潮间带或浅海栽培动植物。

(6)围海工程等:主要建筑物有丁坝、海堤、潜堤或离岸堤等。

海岸工程建筑物和有关设施大都构筑在沿岸浅水域。由于水下地形复杂和径流入海的影响,海流、海浪和潮汐都可能使其产生显著的变形,特别是发生风暴潮的时候,海岸工程会受到严重的冲击,甚至造成破坏。在寒冷的地区,还会受到冰冻和流冰的影响。

海岸工程的结构形式以重力式建筑物结构为主,可修筑成坡式、直墙式、混合式等,以土、石、混凝土材料为主。在海岸带建造各种工程设施时,首先进行工程前期的环境调查、理论分析研究和模型试验研究,经过室内的模拟试验和现场测验等确定各种动力因素对工程设施的作用。其次在现场测量波浪、潮汐、水流、泥沙在近岸带运动的基本特征数据，以及这些动力因素同各种类型的岸段（平直海岸、海湾、河口、潟湖通道、岛屿等）、各种岸滩（沙质、砾质、淤泥质等）相互作用的基本数据。进而分析研究浅海区的波浪谱、波浪变形，破波带的波浪、水流与泥沙运动规律，以及岸滩的演变规律等。最后了解工程设施对岸滩演变和环境、生态的影响，如关于波浪对斜坡堤的作用、丁坝和顺坝的平面布置及其尺度对于保滩促淤效果的现场测验等。

(五)灾害学

灾害学是指运用相关科学知识和工程技术，研究分析和解决人类社会经济活动过程中已经遇到的和可能遇到的灾害问题的知识体系。通过对灾害本质的理论认识，指导对灾害的科学研究。

灾害学的研究内容非常广泛，主要有以下几个方面：

(1)阐明灾害系统的发生、演化及其时空分布规律。这是一项基础性研究工作，包括灾害系统的结构与功能体系，总体特征，动力学机制，发生、演化及其时间、空间分布规律，灾害系统的群发与链发机制与规律，灾害效应与损失评估分析等研究内容。

(2)灾害风险分析与风险管理。包括灾害风险分析的步骤与方法、灾害风险决策分析过程与方法等。

(3)灾害应急管理。灾害应急管理是指对即将出现或者已经出现的灾害采取的救援措施，包括紧急灾害期间的具体行动（紧急转移等），灾害发生前的各种备灾措施，灾害发生后的救灾工作，以及其他减灾措施，例如针对衍生灾害风险因子的减灾措施等。

灾害应急管理是有效组织协调资源，应对灾害事件的过程。其目的是通过对灾害进行系统的监测和分析，通过减灾、准备、响应和重建等方面的措施，尽可能地保护公民生命，并将经济财产损失降到最低程度。

(4)减灾系统工程与措施研究。减灾是一项系统工程，涉及多灾种、多部门、多层次、多环节，需要跨学科研究与多方面协调，因此研究减灾系统工程非常必要与重要。其主要研究内容有：减灾系统工程的设计依据、减灾系统工程的内容、中国减灾系统工程建设。针对城市灾害的特点，特别要加强城市减灾系统工程建设的研究，在此基础上提出主要灾害的防治措施。

(5)高新技术方法在灾害管理中的应用研究。高新技术手段和新方法在灾害管理中的应用，是现代灾害学研究的特征、内在要求与必然趋势。灾害种类多、成因复杂、时空变异强、灾情重、影响范围广、灾害现场可达性差等特点决定了 3S 技术应用的内在要求和独特功效。

"3S"是 GIS(地理信息系统)、GPS(全球定位系统)和 RS(遥感技术)的简称。3S 技术实现了数据源、数据采集和数据处理技术的有机集成。研究 3S 技术在灾前监测预警、灾害数据提取与建库、灾害快速评估等方面的应用,是灾害学定量化研究的特点和发展趋势。

灾害学定量方法很多,大致可以分为数学方法、系统分析方法和模型方法。数学方法又包括数理统计方法、模糊数学方法等;系统分析方法包括灰色系统分析方法、线性与非线性系统分析方法和功能分析方法等;模型方法包括机制模型、规划模型、结构模型、决策模型等。其中遗传算法、投影寻踪方法、灰色系统理论方法、模糊数学方法、混沌动力学方法等是应用相对较多的先进方法。

(六)应急管理

应急管理是一种应对突发事件的管理,包括突发事件发生、发展、应对和善后的整个过程和发展规律。应急管理具有政府主导性、行政强制性、及时性、维护公共利益和社会参与性等特征。

应急管理的作用客体是突发事件,而这些突发事件所处的领域往往不同,由于造成不同突发事件的发生发展规律迥异,因此应急管理需要基于不同的客体进行管理,需要首先对容易发生重大危害事件的领域进行专业性、针对性的研究和分析,才能够制订比较完善的应对方案。如火灾是突发性和危害性较大的事件,由于发生地区不同,防治措施的差别也是很大的,如对于森林火灾和城市住宅区的火灾处理就截然不同。应急管理对社会的作用主要可以归结为两点:

一是保障安全。通过对突发事件的早预警、早做准备和对事件过程的及时有效管理,可以避免一些事件的发生,或者极大限度地降低事件带来的危害性,从而达到保障人类生命财产安全的目的。另外通过对突发事件应急管理的研究,制定相应的事前应急预案和制度,可以增加安全管理方面的知识,帮助人们加强和树立安全意识,保证各类社会活动的安全。

二是加强社会稳定。突发事件具有危害性和扩散性,影响的范围会从发生点扩展到其他更广的区域,可能造成社会的不稳定。如新冠肺炎疫情的暴发,不但对人类的生命安全带来了伤害,同时也给社会带来恐慌,社会各行各业都有可能受到冲击,这对社会稳定、人民安定带来了巨大的影响。而如果突发事件的应急保障措施得当,能够把事件的影响限定在一个局部区域,不波及其他区域,将会保障社会的稳定。

应急管理是一项重要的公共事务,是政府的行政管理职能,政府掌管大量的行政资源和社会资源,具有庞大的社会动员能力,具备严密的行政组织体系,这种行政优势为应急管理的有效实施提供了保障。因此,应急管理具有政府主导性,只有由政府主导,才能动员各种资源和各方面力量开展及时有效的应急管理。根据《中华人民共和国突发事件应对法》(以下简称《突发事件应对法》)的规定,县级人民政府对本行政区域内突发事件的应对工作负责,涉及两个以上行政区域的,由有关行政区域共同的上一级人民政府负责,或者由各有关行政区域的上一级人民政府共同负责,这从法律上明确界定了政府的责任。

应急管理追求的是维护灾后特殊时期的社会安全、社会秩序和社会稳定,关注的是灾害范围的公共利益和受灾群众利益,其出发点和立足点是把受灾群众的利益放在首位,坚持为受灾群众提供更优质的公共产品,满足群众灾后的各种基本需求。因此,应急管理的原则、程序和方式将不同于正常状态,在相应法律、法规的保障下,权力将更加集中,决策和行政程序将更加简化,一些行政行为也将带有一定的行政强制性。这些非常规的行政行为一方面需要正确行使法律、法规赋予的应急管理权限,同时也可以以法律法规作为手段,规范和约束事件中人们的行为,确保应急管理措施到位。

应急管理的工作内容包括:

(1)预防准备。建立突发事件源头防控机制,建立健全应急管理制度,有效控制突发事件的发生,同时,做好资源储备,做好突发事件应对工作准备。

(2)预测预警。及时预测突发事件的发生风险并向社会预警,是减少灾害损失的最有效措施,同时也是应急管理的主要工作。预测预警手段不拘泥于传统或现代科技,可以采取二者相结合的办法进行预测预警,将突发事件遏制在萌芽状态。一旦发现不可消除的突发事件,相关部门及时向社会预警。

(3)响应控制。灾害或者突发事件发生后,及时启动应急预案,实施有效的应急救援行动,防止事态的扩张和发展,属于应急管理的重中之重。

(4)资源协调。应急资源的储备和调配是实施应急救援和事后恢复的基础,应急管理机构应该在合理布局应急资源的前提下,建立科学的资源共享与调配机制,充分有效地利用各项资源,防止出现资源短缺的情况。

(5)抢险救援。灾害发生后,及时、有序、科学地实施现场抢救和安全转送人员,是降低伤亡率、减少突发事件损失的重要任务。由于突发事件具有突发性、快速扩散性,可能导致事件波及范围更广、危害性更大,因此需要应急救援人员及时指挥和组织相关群众在进行适当自身防护的情况下,采取各种措施,迅速撤离危险区域或可能发生危险的区域,同时在撤离过程中积极引导公众开展自救与互救工作。

(6)信息管理。突发事件信息的管理既是应急预警、应急响应和应急处置的源头工作,也是避免灾害发生后公众恐慌的重要手段。应急管理机构应当以传统和现代信息技术为支撑,如广播、短信、综合信息应急平台等,保持信息的畅通,一方面协调各部门、各单位的工作,另一方面保障受灾群众的知情权,避免恐慌。

(7)善后恢复。应急管理的终点不是应急处置,后续的安抚受灾人员、善后处理伤亡群众、稳定局面、清理受灾现场、尽快恢复正常的生产生活秩序,并及时调查灾害事件的发生原因、评估危害范围和危险程度,也是应急管理的重要工作。

按照突发事件类型,应急管理分别由对应的行政部门负责,这种管理模式容易出现交叉、难以协调的情况,且导致机构重置、资源浪费。因此应急管理未来将向专业化方向发展,即整合各种应急力量,形成一体化的应急管理体系。为提高应急管理的效率、增强应急管理的效果,有必要建立健全覆盖各个领域、有针对性的法律法规体系和应急管理政策体系,有必要在政府、部门和公共组织中,建立专门的应急管理机构并形成一体化的网络组织体系,依法赋予其特定的职能和特定的运作方式。

由于应急状态下具有法定的特别权限,可以摒除不必要的干扰来控制并实施职能,实现应急管理的自治和垄断,政府在其中又具有不可替代性,因此针对不同的突发事件,建设装备精良、训练有素、技术娴熟的专业队伍和一专多能的综合应急救援队伍很有必要,构建规范化、制度化、法定化的行为程序,可以科学高效地实施应急管理。

二、海岸带灾害应急管理的研究内容

海岸带是地球表层系统的人类生存与繁衍的关键带,也是我国生态文明建设和社会持续发展的经济支柱区。一方面,开发利用海岸带资源和发展海岸经济的同时,增强保护和改良海岸带生态环境的意识,积极策划适应海洋气候变化的对应措施。另一方面,应针对上述主要海岸带灾害问题,形成从基础理论、方法技术、工程示范到监管政策的研究链条,进而更有力地支持沿海乃至全国的可持续发展。

海岸带灾害与海洋灾害,二者有共同的地方,如灾害的源头来自海洋。但二者也有不同的地方,如海岸带灾害影响范围更广、损失更大;海岸带区域由于人口密度高,次生灾害更容易产生;海岸带区域基础设施、建筑物多,影响破坏更大;海岸带跨行政区域,应急管理协调难度更大;海洋灾害可以有专门的机构,如海洋管理局、自然资源部等,但海岸带由于跨区域,专门机构难以形成。

研究这样一个动态而复杂的自然海岸系统及其变化和对可持续性的影响,需要以问题为导向和与政策相关的自然科学与社会科学等多学科的综合和交叉,需要科学、技术与管理的融合,由此带动海岸带科学研究、技术发展和综合管理。

海岸带防灾减灾是沿海地区社会发展中始终面临的重大现实问题。了解海岸带灾害与海岸带灾害应急管理的基本概念及内容,学习海岸带灾害应急预案编制与灾害响应基本程序,了解基于海岸带灾害的风险情景、灾难救援与减灾—备灾—响应—恢复的相关应急知识和技术等,对培养具有综合应急管理与响应能力的应用型人才具有重要意义。

 延伸阅读

2020 中国海洋灾害公报(节选)

我国是世界上遭受海洋灾害影响最严重的国家之一,随着海洋经济的快速发展,沿海地区海洋灾害风险日益突出,海洋防灾减灾形势十分严峻。2020 年,自然资源部切实履行海洋防灾减灾工作职能,积极开展海洋观测、预警预报和风险防范等工作。沿海各级党委、政府积极发挥抗灾救灾主体作用,提早部署,科学应对,极大限度地减轻了海洋灾害造成的人员伤亡和财产损失。

为使各级政府和社会公众全面了解我国海洋灾害影响情况,积极采取有效措施减轻海洋灾害的影响,促进沿海地区经济社会高质量可持续发展,自然资源部海洋预警监测司组织编制了《2020 年中国海洋灾害公报》,现予以公布。

一、概况

2020 年,我国海洋灾害以风暴潮和海浪灾害为主,海冰、赤潮、绿潮等灾害也有不同程度发生。各类海洋灾害给我国沿海经济社会发展和海洋生态带来了诸多不利影响,共造成直接经济损失 8.32 亿元,死亡(含失踪)6 人。其中,风暴潮灾害造成直接经济损失 8.10 亿元;海浪灾害造成直接经济损失 0.22 亿元,死亡(含失踪)6 人。

与近十年(2011—2020 年,下同)相比,2020 年海洋灾害直接经济损失和死亡(含失踪)人数均为最低值,分别为平均值的 9% 和 12%。与 2019 年相比,直接经济损失和死亡(含失踪)人数分别减少 93% 和 73%。

2020 年各类海洋灾害中,造成直接经济损失最严重的是风暴潮灾害,占总直接经济损失的 97%;人员死亡(含失踪)全部由海浪灾害造成。单次海洋灾害过程中,造成直接经济损失最严重的是 2004"黑格比"台风风暴潮灾害,直接经济损失 3.55 亿元,为 1909"利奇马"台风风暴潮灾害(近十年造成直接经济损失最严重的灾害过程)造成损失的 3%。

2020 年,海洋灾害直接经济损失最严重的省(自治区、直辖市)是浙江省,直接经济损失 3.55 亿元,与近十年浙江省海洋灾害直接经济损失相比,处于偏低水平,为平均值(19.25 亿元)的 18%。

二、风暴潮灾害

(一)总体灾情

2020 年,我国沿海共发生风暴潮过程 14 次,7 次造成灾害,直接经济损失 8.10 亿

元,其中,台风风暴潮过程10次,6次造成灾害,直接经济损失5.56亿元;温带风暴潮过程4次,1次造成灾害,直接经济损失2.54亿元。

与近十年相比,2020年风暴潮具有发生过程和致灾次数少、灾害强度和损失小的特点。风暴潮过程发生次数14次,少于平均值(16.6次),其中,台风风暴潮过程发生次数与平均值(10.1次)持平,温带风暴潮过程发生次数少于平均值(6.5次)。共有7次风暴潮过程致灾,少于平均值(8.6次)。1次风暴潮过程达到红色预警级别,为"201119"温带风暴潮。风暴潮灾害直接经济损失为近十年最低值,为平均值(80.82亿元)的10%。

2020年,风暴潮灾害直接经济损失最严重的省(自治区、直辖市)是浙江省,直接经济损失3.55亿元,占风暴潮灾害总直接经济损失的44%,但与近十年浙江省风暴潮灾害直接经济损失相比,2020年风暴潮灾害直接经济损失处于较低水平,为平均值(18.80亿元)的19%。

(二)主要风暴潮灾害过程

1.2004"黑格比"台风风暴潮

2004年8月4日03时30分前后,台风"黑格比"在浙江省乐清市沿海登陆,登陆时中心附近最大风力13级。受"黑格比"台风风暴潮和近岸浪的共同影响,浙江和福建两地直接经济损失合计3.55亿元。

2."201119"温带风暴潮

11月18日上午至19日上午,受温带气旋和冷空气共同影响,山东半岛、渤海湾和辽东半岛南部沿岸出现了一次较强的温带风暴潮过程,造成辽宁省直接经济损失2.54亿元,为1949年以来辽宁省温带风暴潮灾害直接经济损失第二高值,低于2007年"070303"温带风暴潮灾害(18.60亿元)。

三、海浪灾害

(一)总体灾情

2020年,我国近海共发生有效波高4.0米(含)以上的灾害性海浪过程36次,其中台风浪18次,冷空气浪和气旋浪18次。发生海浪灾害8次,因灾直接经济损失0.22亿元,死亡(含失踪)6人。

与近十年相比,2020年海浪灾害具有灾害性海浪过程发生次数基本持平、强度偏低,灾害发生次数明显偏少,灾害损失明显偏小的特点。灾害性海浪过程发生36次,与平均值(37.8次)基本持平,均未达到红色预警级别。海浪灾害发生8次,明显低于平均值(20.8次)。海浪灾害造成的直接经济损失和死亡(含失踪)人数明显小于平均值,其中,直接经济损失为平均值(1.94亿元)的11%,死亡(含失踪)人数为平均值(46人)的13%。

2020年，海浪灾害直接经济损失最严重的省(自治区、直辖市)是江苏省，直接经济损失0.19亿元，占海浪灾害总直接经济损失的86%，与近十年江苏省海浪灾害直接经济损失相比，2020年海浪灾害直接经济损失较高，为平均值(0.08亿元)的2.38倍。死亡(含失踪)人数最多的省(自治区、直辖市)是广西壮族自治区，死亡(含失踪)6人。

(二)主要海浪灾害过程

1."200214"冷空气浪

2月14—19日，受冷空气影响，黄海、东海、台湾海峡、南海海域先后出现有效波高4.0～6.0米的巨浪到狂浪，东海MF07001浮标实测最大有效波高5.9米、最大波高9.2米，北部湾MF12001浮标实测最大有效波高4.0米、最大波高6.3米。2月14日，2艘广西籍渔船在广西北海市海域倾覆，死亡(含失踪)1人。

2."200330"冷空气浪

3月30日，受冷空气影响，南海海域、北部湾出现有效波高2.0～3.0米的中浪到大浪，北部湾MF12001浮标实测最大有效波高2.0米、最大波高3.0米。3月30日，1艘渔船在广西防城港市海域失联，死亡(含失踪)4人。

3."200722"气旋浪

7月22—23日，受出海气旋影响，黄海海域出现有效波高3.0～4.0米的大浪到巨浪，黄海中部MF03007浮标实测最大有效波高3.5米、最大波高5.4米。江苏连云港市蓝湾现代渔业园海水养殖受灾170公顷，直接经济损失0.19亿元。

附录　名词解释

海洋灾害

海洋自然环境发生异常或激烈变化，导致在海上或海岸带发生的严重危害社会、经济、环境和生命财产的事件，称为海洋灾害。

本公报涉及的海洋灾害包括风暴潮、海浪、海冰、海啸、赤潮和绿潮灾害。

风暴潮

风暴潮是热带气旋、温带气旋、海上飑线等风暴过境所伴随的强风和气压骤变而引起叠加在天文潮位之上的海面震荡或非周期性异常升高(降低)现象。

命名规则：台风风暴潮一般按照"台风编号＋'台风名称'＋台风风暴潮"命名，如由2020年第4号台风"黑格比"引发的风暴潮，命名为——2004"黑格比"台风风暴潮。温带风暴潮一般按照"'风暴潮过程发生时间'＋温带风暴潮"命名，如2020年11月19日发生的温带风暴潮，命名为"201119"温带风暴潮。

警戒潮位指防护区沿岸可能出现险情或潮灾，需进入戒备或救灾状态的潮位既定值，从低到高分为蓝色、黄色、橙色、红色四个等级。

蓝色警戒潮位指海洋灾害预警部门发布风暴潮蓝色警报的潮位值,当潮位达到这一既定值时,防护区沿岸须进入戒备状态,预防潮灾的发生。

黄色警戒潮位指海洋灾害预警部门发布风暴潮黄色警报的潮位值,当潮位达到这一既定值时,防护区沿岸可能出现轻微的海洋灾害。

橙色警戒潮位指海洋灾害预警部门发布风暴潮橙色警报的潮位值,当潮位达到这一既定值时,防护区沿岸可能出现较大的海洋灾害。

红色警戒潮位指防护区沿岸及其附属工程能保证安全运行的上限潮位,是海洋灾害预警部门发布风暴潮红色警报的潮位值。当潮位达到这一既定值时,防护区沿岸可能出现重大的海洋灾害。

？ 思考题

1.如何认识海岸带?

2.简要介绍所在地区有哪些海岸带灾害? 当地如何应对?

第二章

海岸带灾害应急管理基础知识

【本章要点】

1.应急管理的基本原则和过程

2.应急管理决策的特点和原则

3.海岸带灾害应急管理组织类型

4.应急领导者的素质要求

5.应急管理的各方利益相关者

海岸带灾害应急管理是指有效地组织协调资源应对海岸带灾害事件的过程。其根本目的就是通过对海岸带灾害进行系统的监测和分析，改善针对海岸带灾害的准备、响应和减灾、重建等方面措施。海岸带灾害应急管理属于政府行使行政管理职能的公共事务，也属于社会公众的法定义务，受到法律法规的约束。

第一节　应急管理基础知识

应急管理是近年来管理领域中出现的一门新兴学科，是综合了公共管理、运筹学、信息技术以及各种专门知识的交叉学科。它涵盖在灾害发生前、中、后的各个过程，包括事发前采取的预先防范措施、事发时采取的应对行动、事发后采取的各种善后措施及减少损害的行为。

一、应急管理基本原则

(一)以人为本，减少伤亡

把保障公众健康和生命财产安全作为首要任务，最大限度地减少灾害造成的人员伤亡和危害。

(二)居安思危，预防为主

防患于未然，增强忧患意识，坚持预防与应急相结合，常态与非常态相结合。

(三)统一领导，分级负责

在党中央、国务院的统一领导下，建立健全分类管理、分级负责，条块结合、属地管理为主的应急管理体制，在各级党委领导下，实行行政领导责任制，充分发挥专业应急指挥机构的作用。

(四)依法规范，加强管理

依据有关法律和行政法规，加强应急管理，维护公众的合法权益，使应急管理的工作规范化、制度化、法制化。

(五)及时响应，协同应对

对灾害进行先期处置，事发地政府作为主要责任人，及时有效控制事态发展。尽可能地抢救受害人员，保护可能受威胁的人群。建立联动协调制度，充分动员乡镇、社区、企事业单位、社会团体和志愿者队伍，依靠公众力量，形成统一指挥、反应灵敏、功能齐全、协调有序、运转高效的应急管理机制。

(六)依靠科技，提高素质

加强公共安全科学研究和技术开发，采用先进的监测、预测、预警、预防和应急处置技术及设施，充分发挥专家队伍和专业人员的作用。提高应对灾害的科技水平和指挥能力，避免发生次生、衍生灾害。加强宣传和培训教育工作，提高公众自救、互救和应对各类灾害的综合素质。

二、应急管理过程

应急管理应强调对灾害实施全过程的管理,包括预防准备、应急响应和应急恢复等内容,如图 2-1 所示。

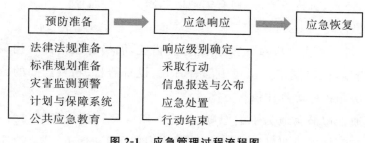

图 2-1　应急管理过程流程图

(一)预防准备

预防准备是应对灾害的第一阶段,是指在灾害发生之前,针对特定的或者潜在的灾害,为了降低灾害发生的概率或者减轻灾害可能造成的损害,为了迅速、有序地开展应急行动而预先进行的各种应对准备工作。《中华人民共和国突发事件应对法》第 5 条规定,突发事件应对工作实行预防为主、预防与应急相结合的原则。具体内容包括:制定相关法律、法规、标准、安全规划(如工业园区规划);灾害监测、监控;灾害保险、有关税务鼓励和强制性措施(如实施建筑标准、提高建筑结构的抗震等级等);制订应急计划;完善应急保障系统;进行公共应急教育等。

(二)应急响应

应急响应是指在突发事件发生发展过程中所进行的各种紧急处置和救援工作。应急响应的主要程序包括:

(1)确定应急响应级别

根据灾害大小确定科学的分级标准,按照可控性、严重程度和影响范围,将应急响应级别分为一般(Ⅳ级)、较大(Ⅲ级)、重大(Ⅱ级)、特别重大(Ⅰ级)4 级,并启动相应级别的应急响应行动。

(2)采取应急响应行动

根据应急预案启动级别,明确响应主体、指挥机构工作职责、权限和要求,阐明应急响应及处置过程等。对于跨国、跨区域、跨部门的灾害事件,可针对实际情况列举不同措施,同时避免可能造成的次生、衍生事件。

(3)信息报送和公布

灾害发生后,在符合政府信息公开的有关规定的前提下,明确信息采集的范围、内容、方法、报送程序和要求。如果涉及港、澳、台和境外人员,或者可能影响到境外,需要遵照有关通报程序,按照政府有关规定,遵循统一、及时、准确、全面的原则,明确信息发布的内容、方式、机构及程序,向有关地区和国家进行通报。

(4)应急处置

制定详细、科学的灾害应对处置方案、处置措施,明确各级指挥机构调派应急队伍的数量、处置措施,同时制定队伍集中部署方式、设备器材、物资药品的调用程序和各应急队伍之间协作程序等具体执行方案。

现场指挥通常遵循属地为主的原则,并建立以应急管理主管部门为主、各相关部门参与为辅的应急救援协调机制。明确指挥机构的职能和任务,建立决策机制、报告、请示等制度,制定信息分析、专家咨询、损失评估等程序。

(5)撤销机构,停止措施,应急结束

明确应急状态解除或者紧急响应措施终止的发布机构及程序。注意应急结束与现场抢救活动的结束是不同的,后者一定发生在前者之前。

(三)应急恢复

应急恢复是指灾害影响得到初步控制后,为使生产、工作、生活和生态环境尽快恢复到正常状态所进行的各种善后工作。应急恢复应在灾害发生后立即进行,包括短期恢复与长期恢复。在短期恢复工作中,应注意避免出现新的紧急情况。在长期恢复工作中,应吸取经验教训,开展进一步的灾害预防工作和减灾行动。

应急恢复时一个重要的环节是灾民安置。《自然灾害救助条例》规定:"受灾地区人民政府应当在确保安全的前提下,采取就地安置与异地安置、政府安置与自行安置相结合的方式,对受灾人员进行过渡性安置。""就地安置应当选择在交通便利、便于恢复生产和生活的地点,并避开可能发生次生自然灾害的区域,尽量不占用或者少占用耕地。"

第二节　应急管理决策

海岸带灾害应急管理决策,是指在海岸带灾害事件发生后,决策主体为了避免事态恶化和降低损失,根据当时的主客观环境,在最短的时间内通过各种方法和技术手段收集事件信息和数据,依据有关知识、经验等对形势进行分析、判断和预测等,制订具体实施方案与措施,并付诸实施,从而实现控制事态发展直至事件消除的动态过程。

一、应急决策特点

应急决策与常规决策相比,主要有以下特点:

(一)决策信息不充分

在灾害状态下,由于事件本身发展的突发性和不确定性,决策主体几乎不可能在有限的时间内掌握所有的事态发展信息。此外,由于灾害可能导致的秩序混乱,可能存在信息收集工具受损或失灵、传播渠道受阻等问题,会造成信息失真或滞后,这些都会影响到应急决策的及时性与正确性。

(二)决策环境复杂多变

海岸带灾害应急决策的主客观环境不但复杂,可能还会不断变化,存在诸多不确定性,不同于常规决策的决策环境的相对稳定,因此加大了应急决策的难度。由于灾害事发突然,决策主体不仅需要快速熟悉掌握发生地点的自然环境、气候环境、地理条件、水文条件等,还要依据外在环境的变化实时做出调整。此外,事发时的应急资源情况、应急管理决策主体的心理压力,也会影响到应急决策的效果。

(三)决策的非程序化

常规决策由于时间充足,一般会提前制定好决策规则和备选方案,还可以在决策之前根据最新获取的信息对方案进行反复讨论与修正,以期达到最佳决策效果。而灾害应急决策,由于受到时间有限、环境复杂多变、信息不充分、资源紧缺等因素的制约,无法按照预先制定的常规性的、程序化的决策程序来完成,需要依靠决策主体的专业知识、智慧、胆魄、经验等,快速做出判断,并采取果断措施,从而控制事态的恶化。也正是应急决策的非程序化特点,导致传统的"预测—应对"应急管理模式效果较差,逐渐被"情景—应对"模式所替代。

(四)决策效果具有高风险性

常规决策的主要目标是维持组织或机构的正常运转,决策程序与方法成熟,效果具有可预测性,因此,决策风险相对较小。然而,由于海岸带灾害具有很大的破坏性,可能造成严重的后果,给社会公众的生命财产带来巨大损失,甚至威胁到社会的稳定。因此,决策效果风险很大。

二、应急决策原则

在应急决策过程中,需要遵循以下五个原则:

(一)安全第一,以人为本

应急处置最重要的原则是保证人的安全。

(二)属地先期快速处置

由于海岸带灾害属于突发事件,不仅在极短时间内发生蔓延,而且在一定范围内具有很大的危害,所以如果不能及时采取措施应对,那必定会造成事态的恶化和发展,给后期应对造成更大困难。因此,突发事件应急管理最重要的特性就是及时性、有效性,需要属地政府及时开展先期处置。

(三)政府主导,多方协作,统一指挥,协调一致

灾害应急管理所涉及的任务往往是多专业、多领域、多层面的,因而是复杂的。所以,必须将不同领域的各类资源进行整合协同,打破行政界限,形成一个能够快速反应和灵活应对的网络,实现建立在应急管理基础上的统一调度和操作实施,做到资源有度、有序、及时配置,以做到有效消弭或者减少负面影响。

(四)依靠科学,专业处置

海岸带灾害爆发前往往很少有征兆,而且爆发后的发展速度非常快,变化趋势不明确,因此必须随着事态的发展而不断动态调整应对策略。这使得应急管理时首先要采取有效措施控制事态,使其不再扩大,防止灾害次生和并发。这需要依靠科学、专业的处置,通过各主体明确责任,标识出灾害应对节点,从而做到及时有效的应对。

(五)公众参与

公众参与是通过政府部门与公众之间的双向交流,使公众参与到防灾减灾的各个

环节和整个过程,从而增强公众防灾减灾的意识和自觉性,提高应急管理的整体水平,以实现海岸带地区社会经济的可持续发展。

第三节　灾害应急管理组织

海岸带灾害应急管理的组织是指为应对海岸带灾害,整合跨部门资源,通过对应急管理主体和人力资源的有效整合,在特殊的指挥与协调工作方式下,有力控制事态,实现应急管理目标。应急组织的基本内容包括:设计并建立组织结构,进行人员配备和组织信息沟通模式,保障应急组织的有效运作。

就组织形态来说,海岸带灾害应急管理组织包括常态化组织与非常态化组织。常态化组织属于长期存在的组织,主要在预防与应急准备工作中发挥作用;非常态组织具有组织弹性,只在需要时启动,主要在应急响应与恢复重建中发挥作用,属于灾害发生后的临时组织。

一、常态化组织

常态化组织是灾害还未发生就设立的组织,是海岸带区域的地方应急管理行政机构。其主要承担平时的预防与应急准备,但在灾害来临时也会转换角色,发挥一定的协调或指挥作用。其职责包括研究制定应对的决策与指导意见,审议应急预案,发挥协调作用等。例如,英国的地方抗灾论坛作为一种协作机制,由各承担责任的机构通过论坛相互合作,批准地方风险登记书,明确该地区风险的预测结论,采取相关措施控制或降低风险,制定各种应急管理预案和开展演练,组织有关风险评估结果和应急预案的宣传活动,通知公众当地应急部署等。

常态化组织的重要协调功能就是跨区域应急协调与专项协调。海岸带灾害具有明显的跨区域特征,需要有关区域的各个政府共同应对。这些机制的工作内容包括:

(1)签订应急合作协议。签署各级各类应急管理合作协议,提出合作的总体框架、基本要求与工作思路。

(2)建立联席会议制度。定期召开会议,研究制定合作事项并推动落实。例如,泛珠三角内地9省(区)应急管理合作机制以加强基层、救灾重建、应急平台建设、创建示范、区域联动为主题,由合作方主办会议,开展工作交流。

(3)编制联动应急预案和开展联合演练。各级各类应急管理合作机制普遍以编制联动应急预案为抓手,明确突发事件应对过程中信息通报、指挥协调、队伍和装备调用等各个环节的具体要求和各有关方面的具体职责,将联动内容细化、联动方式规范化。

(4)加强应急信息通报。将可能波及毗邻地的灾害事件及预警信息及时通报相关地区,提醒做好应急准备,共同防范应对。

(5)实现资源共享。在联动机制合作协议或应急预案中,普遍对合作各方共享应急管理做出明确规定。

联合国国际减灾战略(United Nations International Strategy for Disaster Reduction, UNISDR)是联合国的一个下属减灾机构,成立于2000年,目的是减少由自然致灾因子引发的灾害所造成的伤亡。联合国国际减灾战略秘书处总部设在瑞士日内瓦,在纽约设有一个联络办公室,在非洲、美洲、亚洲和太平洋地区、欧洲设有区域办公室,并在神户设置恢复平台和在波恩设置早期预警平台。

联合国国际减灾战略秘书处的职能有:协调国际、区域以及国家减灾机制;倡导和组织全球减灾运动;倡导减灾有关的理念;提供减灾知识与信息等。

二、非常态化组织

非常态化组织作为在突发事件发生时的应急组织形式,主要有现场应急指挥中心与恢复重建指挥中心。当发生可能造成严重伤害的海岸带灾害时,政府都要启动建立应急指挥中心,在应急处置过程中发挥统一指挥、应急值守、综合协调等作用。这里的统一指挥往往是指由党政主要领导负责指挥时的情况。如美国普遍在各级政府中设立应急行动中心。常设的应急行动中心一般都是一级政府内设立的组织,处在某一行政办公楼中。中心人员通常由地方行政人员,消防、执法以及医疗服务部门人员构成。其核心职能是综合协调,人员救助,卫生防疫,基础设施抢险,秩序维护,公众沟通,资源分派与跟踪,信息情报收集,分析和散发等。

应急机构主要由指挥部、指挥部办公室、专家组和应急运行组四部分组成。其中,指挥部的成员是分管各类灾害的地方领导,负责针对灾害实施应急预案的启动和终止,同时负责灾害应急管理中总体的指挥、部署和协调等工作。

专家组由指挥部办公室聘任的专家组成,负责通过决策指挥对指挥部的预案启动终止、处置措施等工作提供建议。

应急运行组包括监测预报、应急处置、医疗救护、损失评估、经费保障和新闻宣传六个功能小组,由海洋与渔业部门领导担任组长,成员单位包括公安、交通、水利、海事等单位及各下一级政府单位,指导相关企业和人员做好灾害应对准备等。各组具体实施处置的人员主要来自海上搜救中心、环境应急救援队伍、消防应急救援支队、气象灾害应急救援队伍、道路交通事故应急救援队伍、卫生应急救援队伍等。

美国的突发事件战术指挥部往往采取标准化的组织结构,以便于有序、迅速发挥作用。其中设有指挥长,负责整个事件的应对过程,保证应急行动快速高效,并评估各部门的应对需求,设定应急处置的目标,编制批准行动方案。指挥部成员主要包括三个职位:公众信息官、安全官和联络官。公众信息官负责公众沟通和媒体信息发布,保持与有关机构的沟通联系,搜集整理与事件有关的准确详细的信息;安全官负责监控与评估,确保应急行动和应急人员的安全,有权终止不安全的应急行动;联络官负责指挥、协调战术层面的应急行动,考虑相对短期的应急行动。规划部负责态势监控、预测分析、资源跟踪、计划方案制定,考虑相对中长期的应急行动,制订人员轮换计划,开展与专家的沟通。

三、社会性应急组织

通常参与灾害应对的社会组织众多。这些组织在突发事件发生后,就有可能转化为应急救难网络。这种社会性应急组织网络有两种形态:政府主导的社会性应急组织网络和民间自发组成合作网络。

政府主导的社会性应急组织网络由政府提供制度架构、部分经费和人员,但其成员主要为志愿者。如德国的联邦技术救援署(THW),就是一个由德国联邦政府主导的社会性组织网络。THW是由联邦内政部管理的机构,是德国应急救援队伍体系中的主要专业力量,在全国拥有8个跨州协会、668个地方技术救援协会,共分为基础设施、供电、定位、搭桥等13种类别的专业救援队伍。THW在各类应急救援中提供技术及设备救助,弥补消防力量在专业性方面的不足。THW中绝大多数都是专业志愿者(8万余名),专职工作人员只有800多人。

民间自发组成的合作网络是指由有关社会组织自发、自愿成立的合作组织。例如,美国1970年成立了"国家救灾志愿者联盟"(NVOAD),该组织由30多个从事应急管理的非政府组织组成。该组织在平时就注重协调、整合各有关组织的活动,在灾害来临时,能够有效避免任务重叠、资源浪费。

第四节　灾害应急管理的领导与沟通

灾害应急管理的领导是指为确保灾害救援运行有序,通过重要的灾情信息,理解灾情发展的潜在后果,及时做出决断;并明确表达决心或意图,提出有效的干预对策,确保各方面行动协同一致,有效沟通,化解潜在的不利社会影响。

一、应急领导者的素质要求

应急领导者需要在极端环境下具有良好的身体素质、过硬的心理素质、优秀的思想道德品质和必要的知识,以及较高的素质要求,要求具有充分的领导魅力,可以动员各方奋勇抢险、克服困难、共克时艰。应急领导者应具备的具体素质主要包括:

(一)敢于负责

敢于负责,是应急管理的关键。应急领导者不仅需要工作能力和水平,而且还需要责任心和思想境界。海岸带灾害本身存有不明确的责任,需要领导者主动补位,主动负起不明之责,突出体现在敢决策、敢建言、敢实施、敢补位上。

(二)果断处置

海岸带灾害往往突如其来、迅速蔓延、危害严重,应对不力、处置不好就会产生难以想象的后果。因此,应急领导者必须快速判断,把握先机,果断处理,表现为以下三点:

一是最快时间到位。海岸带灾害发生后,主要领导、指挥部人员、相关负责人,要及时赶赴现场,担负起现场指挥调度、综合协调、组织管理、应急保障等方面的职责义务。指挥部要详细了解灾害事件的主要矛盾和各方诉求,及时准确地把握事件的各种信息和趋势动向,为科学快速决策提供可靠依据,掌握应对突发事件的主动权。

二是最少时间决策。面对海岸带灾害,对灾害做出尽可能全面而客观的评估,快速反应,迅速做出决断,力求速战速决,将可能产生的危害控制在最小的范围。

三是最短时间落实。决策做出以后,依据法律法规,坚持统一指挥、协同应对,坚持政府主导、社会参与等认识,综合运用各种手段,合理调度,迅速形成强大的应急动员能力和应急工作整体合力。

(三)讲究策略

海岸带灾害处置过程中针对不同的情况、不同的对象、不同的场合,需要善于随机应变,做到因时制宜、因地制宜、因事制宜、因人制宜。策略包括:

(1)必须先处置最急的事情。如果错乱了缓急顺序,可能会导致更不利的后果。

（2）面对受灾群众，要加强疏导教育，动之以情、晓之以理、示之以法，耐心细致地做思想工作，但必要时要实施强有力的行政手段、法律手段甚至专制手段。

二、灾害应急管理沟通

灾害应急管理的沟通主要涉及信息报送与处理、信息发布、议题管理、舆论引导等。

（一）信息报送与处理

信息实行分级上报，归口处理，同级共享。信息的报送与处理，应快速、准确、翔实，重要信息应立即上报，因客观原因一时难以准确掌握的信息，应及时报告基本情况，同时抓紧了解情况，随后补报详情。凡因险情、灾情较重，按分管权限一时难以处理，需上级帮助、指导处理的，经本级指挥部负责人审批后，可向上一级指挥部上报。对需要指挥部采用和发布的灾害信息，应立即调查询问，尽量准确地获得。

（二）信息发布

信息发布形式主要包括组织报道、接受记者采访、举行新闻发布会、官方微博和微信发布等。应做到及时发布信息，掌握舆论主导权。根据《中华人民共和国突发事件应对法》第53条的规定，履行统一领导职责或者组织处置突发事件的人民政府，应当按照有关规定统一、准确、及时发布有关突发事件事态发展和应急处置工作的信息；第54条规定，任何单位和个人不得编造、传播有关突发事件事态发展或者应急处置的虚假信息。

在事件的不同发展阶段，公众对信息需求的关注点也在不断发展。信息发布需要梯度设置，充分保障不同阶段不同受众的知情权。事件爆发期，公众主要关注事件的现状、救援情况；事件持续期，公众主要关注事件的起因及进一步的处置措施；事件消解期，公众主要关注事件发生发展的深层次根源和对相关负责人的处理。因此，在不同阶段要注意突出信息发布的重点。保持坦诚的态度，面对危局不逃避，敢于承担责任。同时，要容许受众发表不同的看法，依法保障受众的话语权。信息发布时，统一发布口径，保证信息的一致性，宣传报道要实现内部信息的有效互通，保证上下信息的一致性。

(三)议题管理

要对传统媒体、网络媒体、社交媒体有关突发事件的新闻信息进行监测,对突发事件中出现的舆情动态及时了解、动员协调,借助现代传播手段和平台有效引导舆论。对媒体和舆论关注的议题含糊其词甚至沉默不语,就会引起公众的质疑和不满。

议题管理可以通过对突发事件中出现或者可能出现的问题和需求进行分析,为决策提供参考。议题管理包括以下四个连续不可分割的步骤:

(1)议题的识别。对舆情进行分析研判,确定议题的内容、本质、出现时机以及潜在的正负面影响。

(2)议题的预警与监测。确定管理的议题后,建立预警机制,定时观察议题的发展趋势和影响范围,以及大众媒体、社交媒体、意见领袖、专业精英、公众的态度与立场。

(3)议题的分析与研判。分析议题各个利益方的动机、角色和可能产生的影响,以及政府在该议题上的定位、挑战和契机等,确认议题的优先顺序,对重点议题制定相应的传播策略。

(4)议题的传播。议题管理最终要通过议题传播来实现。可以通过官方网站、官方微博、新闻发布会等,选择适宜的传播策略就相关议题与媒体和公众进行对话。

(四)舆论引导

舆论引导要在第一时间完成,同时通过有效的议程设置,有效应对谣言。

灾害发生后,向公众传递信息的速度其实是政府对危机的反应速度,预示着应急响应已经启动,事态发展得到控制。危机传播要遵循"第一时间"的原则,不能等问题全部搞清楚才发布信息,重要的是向公众表明政府的立场和态度。如果公众没有得到任何消息,就会认为政府未能就危机做出及时的反应,从而可能对政府失去信心。通常的做法是先以网站、微博、微信等"微发布"形式发布简短声明表达关注,然后选择其他新闻发布方式传递深层次的信息。

议程设置是媒体、公众、政府对某一关注事件表达态度和施加影响的一种方式。应急指挥部的议程设置是引导突发事件舆论的重要方面和环节。在突发事件应急处置过程中,公众和媒体的关注和需求是多方面的,政府需要将公众和媒体的注意力吸引到官方想传达的关注点上。由于"不确定性"充满了灾害应急处置全过程,因而谣言是危机沟通需要关注的重点。"谣言止于公开",除了要及时澄清事实,"坦诚开放"是应对谣言的有效策略。

第五节　海岸带灾害应急救援队伍

针对海岸带灾害的救援,既包括陆地救援,也包括海上救援。实际工作中一般通过海上依托陆上,陆海合作的应急救援体系实施救援。

一、专业救援队伍

陆上救援以消防、警察、武警和医疗救护人员为主力,救援人员应具备消防救援、建筑物倒塌救援、狭窄空间救援、高空救援及生化救援等技能。目前,我国许多地方已按照"一队多用、一专多能、军民结合、平战结合、多灾种结合救援"的思路,建立起由公安消防为主的综合性应急救援队伍。

海上救援包括人员搜寻、船舶救助、紧急医疗救护、污染迅速控制及消除、赤潮消杀、破冰、防化、防暴等内容,以海事、海警、海监、渔政、边防、海军为主,组建了专业性海岸带灾害应急救援队伍。救援人员在经过多种应急技能专业培训后,配置多种救援技术设备,具备空中救援、水面救援、水下救援、岸陆相接等立体救援能力。对于应急救援技术装备,包括搜寻直升机、海上应急指挥中心、海面救生艇、水下机器人、海上流动医院、海上应急指挥电台等基础设施,这些对于提高应急救援能力有重要的意义。

二、兼职救援队伍

除了专业救援队伍外,还需要建立兼职海岸带灾害应急救援队伍,引导沿海及涉海大中型企事业单位、行业组织和民间团体特别是高危行业企业,建立兼职海岸带灾害应急救援队伍。兼职海岸带灾害应急救援队伍在海洋灾害危及本单位利益时,可以迅速实施自救。同时,各单位也可通过签订互救互助协议等形式,建立单位间的应急联动机制以实施互救行动。

在重大的海岸带灾害发生后,也应该充分发挥志愿者海岸带灾害应急救援队伍、军队、民兵预备役等力量的重要作用。志愿者海岸带灾害应急救援队伍是依托红十字会、青年志愿者协会等的招募、组织和培训,建立的政府支持、项目化管理、社会化运作的海岸带灾害应急志愿者服务机制。军队常年备战,高度集中,具备快速反应能力和强大的武装手段,能够最大限度地消除危害、控制局势,发挥突击救援、维护稳定的作用,满足处置突发事件时限性强、节奏快的需要。军队参与应急管理,不仅是军事行动,更是政治行为,要坚持在党和政府的领导下,在中央军委的统一指挥下,依托军队应急指挥机制开展行动。要加强军队和其他应急救援队伍的密切联系,建立联动机制,通过协调配合,形成在组织指挥、行动方式、后勤保障等方面的快速处置突发事件的合力。

第六节　应急管理利益相关者

"利益相关者"源于1984年弗里曼的《战略管理:利益相关者管理的分析方法》,主要应用于企业管理领域。由于利益相关者对企业或者投入了如劳动等专用资产,或者承担着企业经营带来的如环境影响、交通影响等后果,所以利益相关者应该拥有参与企业治理的权利或者制度保障。随着利益相关者理论研究的深入,其不再仅仅是企业管理领域的一个观点,目前已经被作为一种有效的分析工具广泛应用于各种领域,如财务管理、应急管理等。

海岸带灾害影响所在区域的所有人,当灾害发生后,各类组织与个体在应急管理相关决策中以传播者、执行者与监督者等多重身份存在。

根据管理学的分类方法,利益相关者分为行政组织、经济组织与社会组织三种类型,每一类型中又存在不同的个体与组织。为了建设一个有效的应急管理系统,应该把所有利益相关者都纳入灾害应急管理过程中。根据不同利益相关者不同的需求,在制订海岸带灾害应急计划时,咨询不同的利益相关者;在制订应急处置与恢复重建方案时,需要协调不同利益相关者的利益诉求;在应急演习时,也需要各利益相关者的积极参与。

一、行政组织

在台风等灾害还未发生前,让所有人为灾后应急管理提前准备是困难的,通常人们只有在灾害发生后才会警觉,但是,这时已经太迟了,除了响应政府救灾行动之外,无计可施。因此,政府机构应在灾害发生之前进行应急规划。在充分了解各地灾害可能状况的基础上,设计相关政策。具体内容包括:

(1)识别各地可能的致灾因子;

(2)评估每一个因子发生的可能性以及严重程度;

（3）清晰地确定政策目标（针对不同的组织类型，如家庭、企业等）；

（4）明确与灾害相关的管制内容（如土地使用规范和建筑规范等）；

（5）确定使用哪些影响机制促进政策执行（如技术手段、风险信息发布、经济刺激以及法律惩罚手段等）。

成功的政策要求具有相应的执行能力，能力涉及预算划拨、人员编制以及人员的知识和技能等方面。具体来说，政府有多种选择可以保障政策执行，或者通过控制土地规模来限制致灾因子易发区面临风险的人口数量，或者通过规定街道的宽度以便于救灾时的使用，如大型的应急车辆（如消防车）可通过等。此外，建筑规范只有通过符合抗致灾因子的土地使用规范和建筑规范的要求，才能获得建筑许可，对建筑的设计以及材料做出限制性规定。同时，政府可以把风险沟通、土地使用规范、建筑规范以及致灾因子保险结合起来，制定相关灾害应急政策。

同时政府根据地域管辖范围的不同，将应急管理的权限划拨给不同层级的政府。每一层级的政府里还有不同的机构，掌握着规模不同的人力、技术、财政资源。这些机构在灾害应急管理的专业水平、装备配置和预算等各种资源方面也会不同，如消防和治安部门、医疗服务机构是大多数紧急事件的最初响应者；地质部门、环境保护部门、气象部门等都在灾害预警方面起着举足轻重的作用；军队、物流部门、基础设施相关单位等是灾害救援中的主力。因此，行政组织是灾害应急活动中的最初响应者和救灾过程中的主要决策者。

此外，行政组织也可以在灾害发生前作为灾害管理的宣导者和支持者，为灾害影响的其他利益相关者提供服务。首先需要了解有哪些不同类型的利益相关者以及这些利益相关者在地方治理中的角色，理解他们的角色定位，然后制定相应措施。同时也可以通过提高地方政府对各种组织的支持，如通过为社区应急响应团队提供技术、资金、场地等方式为灾害应急管理提供支持。

二、经济组织

经济组织，或者说企业，组织商品和服务的流通。灾害发生后，对于经济组织最直接的影响是业务中断，经济就会受到影响。不同规模、不同行业的经济组织与灾害的相关性和紧急性是不同的。相关性体现了经济组织与社区灾害的亲疏关系，即直接的或间接的关系、密切的或松散的关系。同时，不同企业掌握不同的资源，对抵御灾害的能力也有差异，有些企业存在着绝对强大的影响力，有些则相对较弱。

基础设施等公用事业企业是灾害发生后的关键企业，例如供水、供电、医院、污水处理、固体废弃物处理、电信服务、新闻媒体等企业，与灾害的紧急性和相关性都很紧密,是灾害应急管理的积极参与者。需要将这些企业纳入行政组织的应急管理之中,利用其专业知识和资源来改进应急规划。

三、基本社会群体单位

基本社会群体单位就是家庭。作为一个群体,家庭掌握着数量可观的社会财产,例如房屋及各种财产,这些财产处于各种灾害造成的风险之中。家庭在灾害应急管理中可能承担的内容包括:尽力预防伤害的发生,为自然灾害做好准备,疏散,承受经济损失等。

但是并不是每个家庭都会采取一样的预防措施。第一,不同人对于风险的认识不同,对于致灾因子的认识也不同。例如,由于房屋及其里面的设施属于房屋所有者,所以房产所有者需要承担更多损失,所以一般房东比租客更关注灾害预防。第二,房屋所有者采取预防措施的能力也是不同的,并不是每个人都能负担必需的防灾物品,也并不是每个房屋所有者都接受过有关救灾防灾的教育。第三,虽然政府机构可以提供信息和财政刺激以促使人们采取预防措施,但是,这类刺激并不总能让所有家庭认识到采取预防措施的必要性。因此,加强社区管理,加强灾前教育是灾害应急管理不可或缺的一环。

 延伸阅读

台风"莫兰蒂"后的厦门速度

一、基本情况

2016 年 9 月 10 日 14 时,"莫兰蒂"在西北太平洋洋面上生成。9 月 11 日 14 时加强为强热带风暴。9 月 12 日 2 时加强为台风,8 时加强为强台风,11 时继续加强为超强台风级。9 月 13 日晚间加强到巅峰强度,最大风力达 75 m/s。15 日 3 时 5 分前后在福建省厦门市翔安区沿海登陆,登陆时中心附近最大风力 15 级。受台风"莫兰蒂"影响,福建省多地出现强风暴雨,沿海地区出现暴雨到大暴雨,局部特大暴雨。台风"莫兰蒂"登陆厦门后,沿西北方向风雨云系波及华东福建、广东、江西、浙江、上海、江苏等 11 个省市,多地狂风大作,暴雨成灾。

二、灾情报告

"莫兰蒂"强度极高,被评价为 2016 年全球海域的最强风暴。同时,"莫兰蒂"重创厦门市,导致厦门市全市大面积停电、停水和通信中断,全市停电户数达到了 62.2 万户,65 万棵树倒伏,房屋损毁 17 907 间,农作物受灾面积 10.5 万亩,直接经济损失 102

亿元。福建省9个设区市和平潭综合实验区、86个县(市、区)179.58万人受灾,紧急转移65.55万人;农作物受灾86 700千公顷、成灾40 000公顷、绝收10 000公顷;倒损房屋18 323间;厦门、漳州、泉州工业企业全面停工停产;损坏堤防54.05千米,损坏水利设施1 087座(处)。2016年9月15日8时—13时,受台风"莫兰蒂"带来的强暴雨影响,浙江省温州市泰顺县4座廊桥被冲毁,其中三座是国家级文物保护单位,一座是省级文物保护单位。

此次灾害在我国大陆共造成28人死亡、49人受伤、18人失踪,台风经过的我国台湾地区南部也受到严重影响,导致当地因灾死亡2人。由于"莫兰蒂"重创中国华东、华南地区,因此在2017年2月21日至24日于日本横滨举行的第49届台风委员会年度会议上,台风委员会决定将"莫兰蒂"除名,由马来西亚于次年提供"莫兰蒂"的替补名为"妮亚图"。

三、应急处置过程

为"防抗"台风,"防"重于"抗"。厦门市政府在9月13日、14日30个小时内连续召开四次视频会议,全面周密部署各项防御工作,做到详之又详、细之又细,不留任何安全死角。厦门市防汛抗旱指挥部(以下简称"市防指")及时启动应急预案,调整应急响应级别,连发三道"动员令",全方位推进防台防汛工作。

13日18时开始,厦门市先后关闭全市所有景区、跨海大桥以及疏港路、仙岳路等高架桥;14日下午,全市停工、停业、停课、休市。全市防汛应急单位取消休假,463支共1.3万人的抢险队伍紧急集结,各级防汛指挥长坐镇指挥,区、镇、村干部进村入户,对安全隐患进行全方位、过滤式排查,对身处危境不愿撤离人员反复劝说,两天之内果断精准转移建筑工棚、地质灾害点、危旧房、低洼地带等危险区域人员47 336人。

14日15时30分,厦门市进入全面临战状态。预警信息在快速传递,抢险人员在迅速集结,抗灾物资在紧急调运。任防抗台风指挥官的市领导分别带队,分七路深入各区、各重点区域督促指导,层层落实防御措施。各区各部门领导也靠前指挥。

14日23时,指挥部会议室的大屏幕实时监控台风"莫兰蒂"实时路径、雨情数据图表、卫星云图,不时切换汀溪水库、东西溪交汇口、坂头水库的现场景象。市领导彻夜坐镇市防指,现场视频连线各区防汛办,实时分析研判台风动态和工作对策,逐一致电相关部门,提出有针对性的具体要求。

15日凌晨3:05,台风正面登陆翔安。15日清晨6时,时任市委书记就第一时间通过视频连线各区,召开第一次灾后恢复重建全市动员会,要求第一时间开展抢险救灾工作。上午8点,时任市委书记乘车沿路检查受灾情况,现场指导灾后重建工作,其他市领导也深入一线督导救灾复产工作。

15日晚上8时,厦门市召开"莫兰蒂"台风灾后恢复重建第二次动员会,成立恢复重建工作领导小组,下设 14 个工作组,有力统筹各项工作,全力推进灾后恢复。思明区作为中心城区,受灾严重。思明区民政局严格做好灾情信息收集上报工作,第一时间确保灾情信息畅通,为救灾应急救援及灾后重建提供翔实依据。全面开放全区 137 处避险救灾场所及 109 个救灾物资储备仓库,转移安置避灾群众。厦门市博爱社工深入社区,了解受灾情况,开展灾后记录与评估,安抚受灾者的情绪,并积极链接救助资源;充分发挥社工的优势,深入了解受灾群众的心理状况,进行疏导与安抚。

与此同时,市政府连续召开三次新闻发布会,及时通报全市受灾和抢修恢复情况,主动回应社会关切。

9 月 16 日 8 时,国家减灾委、民政部针对今年第 14 号台风"莫兰蒂"给福建省受灾群众基本生活造成的严重影响,紧急启动国家Ⅳ级救灾应急响应,派出工作组赶赴灾区,查看灾情,协助和指导做好受灾群众基本生活救助工作。

福建省政府紧急下拨自然灾害生活救助资金 6 000 万元,用于帮助受灾地区开展应急救助、遇难人员家属抚慰、过渡期生活救助和灾后重建等工作。受灾地区市县民政部门紧急开放避灾点 1 124 个,安置受灾群众 3.4 万人,漳州、宁德、三明、莆田等地下拨救灾应急资金 383.45 万元,各地发放大量食品、饮用水、衣被等救灾物资,确保受灾群众基本生活。

驻闽部队第一时间响应号召,及时深入抗灾一线救灾。第三十一集团军、海军、厦门警备区、武警、海警等部队及时派联络员进驻防汛指挥部,在台风登陆后十天内,各部队共出动官兵 11 750 人、民兵预备役人员 3 050 人,出动车辆和各类工程机械 1 176 台支援抢险救灾,加固堤坝 3 000 余米,扶正、清除倒伏和毁损树木 32.1 万棵,搬运垃圾 2.7 万余吨,清理疏通道路 1 018 千米,清理公园绿化带 7.8 万平方米,转移救援群众 8 720 余人……

福建省供电公司已从全省调集了 70% 的力量,投入几千人奋战在抢修一线。在不到四天时间内,全市恢复供电率就达 98%。除个别未通电小区和二次供水设施故障外,全市供水基本恢复正常。

台风过境,大街小巷布满断木残枝(见图 2-2),城市交通基本中断。15 日清晨,风雨未息,挖掘机、装载机、油锯齐上阵,龙吸水、发电机组、应急电源车全出动,建设、公路、市政等部门,人民子弟兵,热心企业乃至普通市民全都投入,16 日基本清理干净,17 日主干道恢复通车。

灾后重建的厦门实现了当天岛内外主干道基本抢通,3 天城市干道、高速公路恢复通行,5 天停水户正常供水,6 天停电户恢复供电,10 天倒伏树木清理、植活。

四、灾后政策支持

为恢复市容市貌,全市主干道的树木回种由市级单位负责,次干道、小区树木由各

图 2-2 "莫兰蒂"台风后树木倒伏

区负责,1 名专业人员配备 3~5 名辅助人员,快速分解任务展开行动,必要时通过购买服务的方式,确保 5 天之内将所有树木回种完毕。同时,保险企业要特事特办,开通绿色通道,简化理赔程序,第一时间予以赔付。此外,对受损企业给予金融贷款支持,出台扶持政策,帮助受灾企业解决厂房破损、机器进水、物流运输等问题。

为做好企业灾后恢复生产,厦门市出台《厦门市促进工业企业灾后恢复生产若干意见》,在财政政策、减负政策、税收政策、金融政策,以及加强油电通信保障、加快行政审批等六个方面进行扶持。因受灾需要重建且在 2016 年 12 月 31 号前投入建设的厂房或 2017 年 3 月 31 号前更新的设备,由市财政安排专项资金予以扶持,补助金额按固定资产投入的 10% 计算,每家企业最高不超过 1 000 万元。针对农村受损住宅,对于符合重建条件的农村低保户、分散供养户,由各区实施兜底重建,所需资金按规定省级补助 2.5 万元、市级补助 2.5 万元,其余资金由区级财政兜底;其他贫困家庭重建户给予每户 7.5 万元补助,所需资金扣除上级补助后,由市、区财政按现行体制分担;一般重建户给予每户 5 万元补助,所需资金扣除上级补助后,由市、区财政按现行体制分担。

？ 思考题

1. 试述应急管理相对于一般管理的特殊表现。

2. 应急管理决策的特征是什么?

3. 当地的应急管理组织设置是什么?

4. 海岸带灾害的应急救援队伍有哪些?

5. 如何实现有效的应急领导?

6. 灾害应急沟通的过程是什么?

7. 举例说明海岸带灾害的利益相关者群体。

第三章

海岸带灾害风险管理

【本章要点】

1.识别海岸带灾害系统中致灾因子、承灾体和孕灾环境三个因素

2.海岸带灾害风险分析的内容和方法

3.海岸带灾害风险评估的内容

在气候变化等影响下,海岸带地区存在生态、地质灾害等危机。将风险学引入灾害学研究,通过对灾害发生及其损失中的不确定性因素进行研究,便于更加精确地认识灾害发生的可能以及强度。中共中央总书记习近平指出,要健全风险防范化解机制,坚持从源头上防范化解重大安全风险,真正把问题解决在萌芽之时、成灾之前。要加强风险评估和监测预警,加强对危化品、矿山、道路交通、消防等重点行业领域的安全风险排查,提升多灾种和灾害链综合监测、风险早期识别和预报预警能力。

第一节 致灾因子、承灾体和孕灾环境界定

根据灾害学理论,灾害是孕灾环境、承灾体、致灾因子相互作用的产物。孕灾环境是指综合地球表层作用环境,它对灾害系统的复杂程度、强度、灾情程度以及灾害系统的群聚与群发特征起着决定性作用。致灾因子是指可能造成人员伤亡、财产损失、资源与环境破坏、社会系统混乱等孕灾环境中的变异因子。致灾因子包括自然致灾因子、技术致灾因子和人为致灾因子。灾害是致灾因子造成的社会后果。灾害影响的大小不仅取决于致灾因子的性质、概率和强度,而且取决于社会的抗灾能力。承灾体是指包括人类本身在内的物质文化环境,主要有农田、道路、居民点、城镇等人类活动的

财富聚集体。

海岸带灾害系统同样包括致灾因子、承灾体和孕灾环境三个因素。

一、致灾因子

根据联合国国际减灾战略（UNISDR）的定义，致灾因子是可能造成人员伤亡、财产损失和服务设施、环境破坏、社会和经济混乱危险的现象、物质、人类活动或局面。灾害是致灾因子作用的结果。如台风风暴潮中的直接致灾因子是因台风引起的沿岸涨水以及台风过境带来的大风、暴雨、海浪等。海浪灾害的致灾因子是巨浪，巨浪往往与狂风共同作用，对海岸设施、停靠船舶造成损害。海冰灾害的致灾因子是海冰及因海水结冰而产生的巨大作用力。海啸的致灾因子是因海底地震或火山爆发激发的海洋长波在近岸浅水中形成的蕴含巨大能量的"水墙"。赤潮灾害的致灾因子是赤潮生物及其毒素。海岸带灾害的致灾因子包括地质因子、气象因子、生物因子和人为因子。

（一）地质因子

地质因子是由于地质原因所造成的海岸带灾害事件，指在自然力包括风、浪、流、潮的作用下，沿岸泥沙减少而引起的海岸后退现象，主要包括海岸侵蚀、海平面上升、海水入侵、地震、海岸滑坡等。

海岸侵蚀使岸滩减少，造成海岸旅游资源的破坏，并危及沿岸构筑物。海岸侵蚀现象在现实中普遍存在，河流改道、海面上升、海洋动力作用增强等都是导致海岸侵蚀的重要原因。人类活动无疑也会对海岸侵蚀产生明显影响，如拦河坝的建造，大量开采海滩沙、珊瑚礁，滥伐红树林，以及不适当的海岸工程设置等，均会引起海岸侵蚀。海岸侵蚀使土地大量失去、海岸构筑物破坏、海滨浴场退化、海滩生态环境恶化，是一种严重的环境地质灾害，必须引起高度重视，并加强海岸带管理。

海平面上升是由全球气候变暖引起的，它将带来一系列的海岸带灾害事件。首先，海平面上升造成海岸带低地大量损失，使海岸带内移，威胁沿海港口城市。其次，海平面上升将加强海浪和风暴潮的作用，使海岸侵蚀加剧，海岸工程被破坏。最后，海平面上升，使海水入侵更加严重，导致生态环境恶化，破坏沿岸各种农田水利设施和工厂设备，同时由于水质恶化，危害当地人民的身体健康。

海底地震是最具破坏力的地质灾害，具有突发性和巨大的破坏力，可能引发海啸。海啸灾害是海洋长波抵达海岸线附近时造成沿岸海水暴涨，海水涨落形成的巨大冲击力，往往会对滨海地区形成毁灭性的打击。

(二)气象因子

气象因子是气候、气象条件引起的灾害事件,包括暴雨、风暴潮、台风、海冰、海雾、寒潮等致灾因子。

台风是最为严重的灾害性气象因子。每次台风都伴随着狂风、暴雨、巨浪,台风登陆往往同时带来暴雨大风灾害,风暴潮将会冲毁海堤,淹没沿海的村镇、农田等,破坏沿岸构筑物。

暴雨是指日降水量大于 50 mm 的降雨,暴雨或连续多雨,易造成洼地积水,产生内涝,或造成山洪暴发、江河决堤、水库崩塌等灾害。

海冰封港作为致灾因子,往往严重影响当地港口航运业的正常运行,从而造成更大范围的损失。海冰冻结时间越长,对港口所在地的生产和贸易产生的影响将会越大,给沿岸居民的生活也会带来一定的不便。对于一些港口城市,发达的临港工业对港口的依赖度很高,此时严重的海冰灾害对当地的经济发展和社会稳定就会产生很大的影响。

(三)生物因子

生物因子是由赤潮和海洋生物流行病等生物作用导致的海岸带灾害事件。赤潮是由海水中的某些浮游植物、原生动物或细菌在一定条件下短时间内突发性增殖或聚集在一起,引起的一种水体变色的生态异常现象。由于赤潮生物聚集,引起海水缺氧甚至无氧,造成大量海洋生物特别是底栖生物的死亡,赤潮生物黏附在鱼虾的鳃部造成鱼虾的窒息死亡;赤潮生物分泌的毒素还可使海洋生物中毒或通过生物链危害沿岸居民的身体健康,甚至生命安全。大量含有各种有机物的废污水被排入海水中,海水受到不同程度的污染,导致海水富营养化,是赤潮藻类能够大量繁殖的重要物质基础。

赤潮灾害的直接致灾因子是赤潮生物,以及部分赤潮生物所释放出的毒素。灾害的承灾体有两类,一是赤潮海域的各类海洋生物,包括自然生物种群和人工投放的养殖生物;二是海域景观,赤潮往往造成海水颜色变化,一些赤潮区域的空气也会产生异味,造成赤潮海域的景观价值下降。

赤潮灾害的直接后果包括三个方面,一是造成海洋生物的大量死亡,二是一些毒素在海洋生物体内积累,三是赤潮海域景观破坏。这三个结果通过成灾链进一步危害周边自然环境和社会,使灾情进一步扩大。海洋生物的大量死亡必然带来生态结构的改变,同时海洋动物尸体对海水和底质都形成了更大的污染。赤潮还对当地海洋渔业、海水养殖业和滨海旅游也形成冲击。沿海沿岸如果居民食用了带毒海洋生物,可能会产生中毒反应,甚至危及生命。通常还可能形成一条灾害链。当海中各种有害物质通过周边地区人流、物流、信息流之间的联系继续传播和扩大,最终对周边地区的经济发展和社会稳定带来不利影响。

(四)人为因子

人为因子主要是由于人类活动所引起的海岸带灾害事件,包括海洋污染、资源衰竭等。海洋污染是由于人类在海岸带区域生产生活形成的大量污染物进入海洋造成的。海洋污染源主要来自陆地工业企业所产生的污染物质,它们由河流带到海洋或直接进入海洋。沿岸居民的生活垃圾等也是污染源之一。近年来,由于海水的富营养化,赤潮现象频繁出现,近岸生物生态环境被破坏。如山东胶州湾被污染的地区目前仅生存着少量底栖生物,大部分海生生物死亡。

人为活动引起的另一种灾害是海岸带资源衰竭,由于人口的增加,海岸带被大量开发,湿地资源被减少,许多生物的栖息地被破坏,使海岸带生态资源减少。

二、孕灾环境

孕灾环境是海岸带灾害产生的环境背景,孕灾环境包括自然环境与人文环境两类。从自然因素来看,一方面海岸带作为海陆过渡地带,其自然属性就是环境的迅速变化和不稳定性,通过波浪、潮、风、海流等因子强烈的相互作用,形成了显著的季风气候,容易频繁出现灾害性天气;另一方面,由于海岸带处于水陆板块碰撞的前缘,地壳也具有强烈的不稳定性,地震、活动断裂等构造极易产生变动,进而引发灾害。

从社会因素看,由于海岸带具有广阔的滨海平原,通常也是工农业最发达、自然资源丰富的地区,人口密集,开发强度大,各种人为诱发的灾害事件也时有发生,加剧了海岸带灾害产生的环境条件。如每年夏秋季的台风、风暴潮,冬季的海冰灾害等。

三、承灾体

承灾体是指发生海岸带灾害后,灾害事件的直接承担者。灾害的形成是当灾害发生后,承灾体不能适应,或者无法适应环境变化的结果。在区域灾情形成中,任何一种致灾因子都必须从其影响的承灾体角度考虑进行分类。

海岸带灾害主要的承灾体为人类、财产和资源。因为海岸带区域通常是人口密集区,所以当地生产生活的人民是首要的承灾体;他们的财产以及当地经济资源也是灾害发生后的承载对象;最后道路交通通信设施、水库等水利工程、房屋建筑、城市基础设施等资源也构成了承灾体的组成部分。

风暴潮的直接承灾体主要包括四类:一是海岸带区域的生产和生活设施。风暴往往不仅会造成海上设施毁损,沿岸涨水往往突破堤防,灌入城市街区,造成街道积水、淹没、冲毁房屋、车辆、设备等,造成财产损失。二是航道、码头、道路、车站、通信基站等基础设施,这些设施往往因风暴而部分甚至全部失去承载交通和通信的功能。三是受灾区域的人员,包括近海养殖区、港内船舶上海上人员等,往往因所在设施的毁损而受困、受伤,甚至失踪、死亡。四是堤坝、水库、河道等水利设施,风暴潮可能冲垮堤坝、侵蚀河道,造成淡水咸化。在农村地区,风暴潮形成的洪水会冲毁农田,并使土地盐碱化,造成作物减产、绝产。

赤潮灾害的承灾体有两类:一是赤潮海域的各类海洋生物,包括自然生物种群和人工投放的养殖生物;二是海域景观,赤潮往往造成海水颜色变化,一些赤潮区域的空气也会产生异味,造成赤潮海域的景观价值下降。

同时,沿海地区居民与滨海地区的自然环境资源,如树林、沙滩等都是海岸带灾害的承灾体。灾害巨大的冲击力往往搬移沙石,破坏植被、水道,甚至使沿海地貌改变。

四、致灾因子与承灾体的相互作用

致灾因子或承灾体两者之一,或两者都存在但不发生作用,都不能形成海岸带灾害。如在无人类活动区域,因台风形成的巨浪、在未开发无人岛上形成的风暴潮、北极地区形成的海冰,都不能成为海岸带灾害。或在巨浪中港口设施因结构坚固、防灾措施得力,未发生损坏并未影响正常的生产和航运活动,也不能称为海岸带灾害。只有当致灾因子的破坏性与承灾体的脆弱性形成叠加的时候,海岸带灾害方能成灾。

以风暴潮灾害为例,风暴潮以及风暴潮伴随而来的大风、海浪、暴雨等致灾因子会导致海上航道中断,港口码头封闭,严重的风暴潮还可能迫使临海地区道路、车站、机场封闭。在这个环节中,承灾体是海陆交通基础设施,灾害后果是设施毁损、交通受阻。同时,这一灾害后果作为新的致灾因子,作用于该区域的物流、人流体系,打断当地正常的生产原料、生活资料供应,又导致生产原料和生活必需品供应不足等灾害后果,使当地部分企业生产和居民生活出现困难。这些困难如果在一定时间内不能被妥善解决,可能造成民众的不满情绪,严重情况下可能会破坏当地正常的社会秩序和关系,进而引发新的突发公共事件。

因此,随着灾情的不断发展,海岸带灾害所造成的损害从最初的人员伤亡和直接经济损失逐渐向经济、社会的各个方面蔓延,承灾体范围也在不断扩大,灾害后果从最初的直接受灾点向社会其他领域延伸,导致灾害的后果趋向于复杂化、立体化。

总而言之,海岸带灾害的灾情是由海岸带致灾因子的破坏性和海岸带灾害承灾体的脆弱性共同作用形成的。海岸带灾害应急管理的实质,就是通过采取正确和及时的应急措施,降低灾害的破坏性,或采取及时有效的措施降低灾害演化各个环节上的损失。

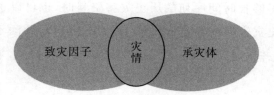

图 3-1　致灾因子、承灾体与灾情逻辑关系图

第二节　海岸带灾害风险分析

从灾害评估的内容方面来看,包括致灾因子风险分析、承灾体的暴露分析与易损性分析,涉及的领域包括经济学、气象地理学、地质灾害、生物学、工程学、环境科学等领域。

一、致灾因子风险分析

海岸带灾害的致灾因子风险分析是估计一定时段内,某一致灾因子以一定强度在特定海岸带区域发生的可能性,并通过各种分析手段,采取相应的灾害预警与投入管理措施。致灾因子风险分析是灾害风险分析的基础。

致灾因子分析是建立致灾因子发生强度与发生频率的关系,并推导在未来一定时间范围内该灾害强度指标超过一定值的概率。这一关系的建立需要考虑多个因素,除了历史灾害发生的时间、地点和强度之外,还需考虑这一区域的城市地理特征、历史灾情、致灾因子种类、暴露要素及其脆弱性等。进而估计各种强度的致灾因子发生的概率和重现期,并预测某一强度下的致灾因子将在何时、何地发生。致灾因子风险分析方法包括野外调查法、模拟实验法和历史资料的统计分析及模型预测等。

对于局部地区的灾害风险分析,可以通过野外实地调查,进而发现灾害发生、发展机制,进而进行灾害预警预报。在野外调查时,既有传统的测量、访谈等调查方法,也可以采用科技手段,如遥感技术方法等,实现大规模动态的监测。

当无法进行实地观察或者需要更深刻地揭示灾害形成机制时,可以通过在实验场里模拟灾害发生的基本过程,进而揭示灾害形成机制,为灾害预测及发生区划提供依据。

对于以自然灾害为主的海岸带灾害,其发生条件和强度通常会符合一定的自然规则,因此当具备具有足够长时间序列的历史灾害资料时,也可以根据海岸带区域已有的历史资料,分析历史灾害的发生特征、评价自然灾害风险,预测不同等级自然灾害发生的可能性及危害。并根据灾害发生后各相关因素的相关关系,采用模型方式预测未来灾害发生的概率。

通常所做的"灾害危险性分析",实际上就是致灾因子风险分析,并不涉及灾害损失。

二、承灾体暴露分析

暴露是指暴露于海岸带灾害风险中的各要素,即针对承灾体的分析。包括以下内容:

(一)确定灾害可能的影响范围和强度

确定一定强度下海岸带灾害可能的影响范围和强度。如风暴潮的影响范围和程度,所研究的区域系统的条件包括地质条件、地形地貌、天气变化等。运用灾害预报技术,划定一个致灾因子的影响范围和强度。

(二)确定风险区暴露要素

海岸带灾害风险区域内,暴露的承灾体一般包括人口数量、分布、建筑、生命线、交通设施、生活生产资料等。需要将这些要素进行编码分类和确定,以供灾害后期损失统计。

(三)风险区暴露要素评价

风险区暴露要素的评价有利于全面了解灾害风险区承受灾害破坏后损失的程度。暴露要素评价方法主要包括实地调查、普查、抽查、遥感动态影像等。

第一,向统计局、民政局、国土资源局和交通局等各项承灾体的相关管理部门,收集各承灾体暴露风险的统计资料。该方法简单易行,一般参照行政区划来设定统计口径。但是由于灾害的影响范围一般是按照自然地理空间区划,两者不会完全匹配,会存在一定的评价困难。

第二,组织专人前往风险地区进行普查和抽查。由于此方法通常需要设计详细的调查表,因此所能获取的数据最为详细,精度也较高。但是,采取此方法工作量较大,需要耗费一定规模的资源。同时由于该方法对调查表的设计要求、调查人员的调查技术技巧有较高要求,一般只适用于社区尺度的暴露计算。

第三,遥感动态影像可以记录灾害发生地的地表空间信息,其不同分辨率特征的遥感影像,蕴含着不同尺度的丰富的承灾体暴露信息,对海岸带区域的各承灾体暴露信息的获取非常有效,是海岸带暴露分析与评估的重要途径。对于不同的海岸带尺度研究需要应用不同分辨率的遥感数据,其解译获得的暴露数据精度才能满足暴露分析的需要。基于遥感的三维建模技术的发展,为开展暴露评估的立体分析与测量提供了可能与便利。在这个方法中,遥感数据的分析与"解译"是关键技术。所谓解译就是判读地面承灾体在遥感图像中的空间特征和光谱特征,通过一定的软件和硬件,分析图像中的物体形状、大小、颜色、阴影、位置和纹理等,得到地面各暴露要素的属性、数量和空间分布规律等。一般高分辨率遥感数据可获取的海岸带区域的承灾体暴露数据有房屋建筑物、道路和交通设施、生活与生产构筑物、土地利用等。而人口、海岸带生命线系统、室内财产数据则只能通过统计和调查的方法,也可以通过遥感数据间接估算,根据建筑密度估算人口,根据建筑类型估算室内财产等。

暴露分析的步骤是:(1)确定最小评估单元。它既可以是规则的格点如公路网、经纬网,也可以是不规则的行政区划单元。采用规则的格点作为最小的评估单元,有利于空间运算和分析。(2)确定承灾体数量。一般收集到的统计资料多是以不规则的行政单元为统计单元,因此,采用相关算法,将不规则多边形数据转化为规则格网数据。(3)确定致灾因子影响范围。逐个确定该格网是否受到该致灾因子的影响,以及致灾因子的危险性等级。(4)计算评估区内该类承险体的物理暴露量。

三、承灾体脆弱性分析

承灾体的脆弱性分析,即承灾体的抗灾性能分析,分析灾害对承灾体可能的毁坏程度,也叫易损性评价。承灾体易损性评价的核心是,通过建立灾害强度与承灾体受破坏和损失之间的关系曲线,建立根据致灾因子强度计算破坏程度的破坏模型。承灾体脆弱性是由承灾体本身的物理特性决定的。不同的灾害类型,对于承灾体的损害也是不同的,例如,台风主要通过强大的风压将房屋推倒。因此,分析承灾体的敏感性是基于某一种致灾因子进行的。

对于海岸带主要承灾体——人口、建筑、生命线、交通、室内财产的灾损脆弱性,其分析方法是不同的。

(一)人口

灾害风险中,人口的脆弱性主要取决于受灾人群的忍耐力。突发性灾害的持续时间较短,有明确的自然现象标志其发生和消除。受灾人群在这种灾害风险中的脆弱性,主要取决于其应急自救能力。该能力主要包括个体转移避难能力和应急自救技术的掌握情况。其中,前者与人的身体素质和年龄有关,后者与灾害教育直接有关,即是否掌握应急自救知识或者是否拥有灾害救助经历。

(二)建筑

对房屋建筑造成破坏的灾害风险类型主要有台风、风暴潮等,其破坏方式一般表现为淹没、倒塌、毁损等形式。房屋建筑的脆弱性主要表现为抵抗倒塌、冲刷、毁损的能力。一般土木结构、砖木结构、砖混结构、钢混结构的建筑类型,其易损性依次降低。对房屋建筑的时间来说,房屋的使用时间越长,其对外部打击的反应越敏感,越容易遭受损坏。通常采用建筑物折旧率来表示与房屋使用时间有关的脆弱性,折旧率是建筑物设计使用年限与实际已使用年数的比值,数值越大表示房屋脆弱性越高,越容易遭受损失。

(三)室内财产

室内财产对于台风、风暴潮等灾害的灾损脆弱性,主要取决于财产所在建筑物的脆弱性,如果房屋建筑的脆弱性高,那么处于该房屋建筑内的财产的脆弱性也高。不同建筑结构内的财产损失率是不同的。室内财产的灾损脆弱性指数,可用区域内分处不同建筑物结构下的室内财产数目价值量占室内总财产价值量百分比的加权求和值表示,加权求和的权重为对应建筑物结构下的室内财产的平均灾损率。

(四)道路

道路作为生命线系统中的重要组成部分,是台风、风暴潮、地震等多种自然灾害的危害对象。公路的脆弱性表现为路基和路面抵抗各种外部冲击力的能力,而这与公路的等级密切相关,高速公路抵抗外部冲击力的能力最强,其次为国道、省道等。因此,在评估某特定路段时,可以采用公路等级作为其脆弱性指标。但是针对某评估单元而言,内部一般具有多种等级的公路,一般采用低等级三级以下公路长度占公路总长度的比例作为公路的脆弱性指数,数值越大,表示该区域道路脆弱性越高,越容易受到损失。

海岸带区域的道路,往往是网络系统,其中有些是网络中的关键点,如立交、桥梁、高架上下匝道等,其脆弱性直接决定了道路系统的脆弱性。研究这些关键道路设施的脆弱性具有重要意义。

第三节　海岸带灾害风险评估

按照《海洋灾害隐患调查评估技术规范:总则》等技术规范要求,收集地理信息、海洋观测、历史灾害等基础资料,调查获取沿海设施等承灾体相关资料。在资料收集、遥感调查分析的基础上,确定海岸带灾害风险程度。

一、相关技术规范

在文件《关于开展第一次全国自然灾害综合普查的通知》(国办发〔2020〕12 号)、《第一次全国自然灾害综合风险普查实施方案(试点版)》(国务院第一次全国自然灾害综合风险普查领导小组办公室 2020 年 9 月)、《全国海洋灾害风险普查实施方案》(自然资预警函〔2020〕126 号)的支撑下,我国海岸带灾害的风险管理规范包括我国海洋灾害隐患调查评估技术规范和海洋灾害风险评估技术规范两大类。海洋灾害隐患调查评估技术规范包括:

(1)《海洋灾害隐患调查评估技术规范:总则》;

(2)《海洋灾害隐患调查评估技术规范:海堤》;

(3)《海洋灾害隐患调查评估技术规范:渔船渔港》;

(4)《海洋灾害隐患调查评估技术规范:海水养殖区》;

(5)《海洋灾害隐患调查评估技术规范:滨海旅游区》。

海洋灾害风险评估技术规范包括:

(1)《风暴潮灾害防治区(重点防御区)划定技术导则》;

(2)《海洋灾害风险评估和区划技术导则 第 1 部分》:风暴潮;

(3)《海洋灾害风险评估和区划技术导则 第 2 部分》:海浪;

(4)《海洋灾害风险评估和区划技术导则 第 3 部分》:海啸;

（5）《海洋灾害风险评估和区划技术导则 第4部分》：海冰；

（6）《海洋灾害风险评估和区划技术导则 第5部分》：海平面上升。

二、确定海岸带灾害隐患区

参照《海洋灾害隐患调查评估技术规范：总则》，根据当地海堤防潮标准、警戒潮位、平均高潮位和调查区域的高程，满足以下条件之一，即为海岸带灾害隐患区（点）。

（1）无海堤防护岸段后方，且地势低于当地平均高潮位并包含重要承灾体的区域。

（2）非标准海堤、未合拢、破损、底脚掏空的堤段，及其后方地势高程低于当地平均高潮位且有重要承灾体的区域。

（3）标准海堤在橙色警戒潮位或橙色海浪预警以及更高级别预警情况下，根据《海洋灾害隐患调查评估技术规范：海堤》附录A判定有防潮能力、结构安全、渗流稳定等隐患的位置或堤段。

（4）标准海堤设计防潮标准或现状防潮标准小于等于十年一遇的位置或堤段，及其后方地势高程低于当地平均高潮位且有重要承灾体的区位。

（5）城市排水管渠出水口高程低于当地平均高潮位的位置。

三、海岸带灾害风险评估方法

（一）基于指标体系的海岸带灾害风险评估方法

基于指标体系的灾害风险建模与评估，是目前应用最为广泛的方法，其数据易于获取，建模与评估简便可行。灾害综合风险评估指标体系的构建，必须在保证指标的科学性和可靠性的基础上，根据所在城市特点，全面考虑各领域指标的代表性、数量、性质、权重及其逻辑关系，并对特定区域的灾害进行针对性加强。同时，要求每项指标在易于获得、便于决策者利用的基础上，都必须有据可查、易于量化分析，尽可能与统计部门的现行指标相互衔接。

例如，沿海地区台风风暴潮评估指标体系可以分为致灾因子危险性和承灾体脆弱性两个角度。致灾因子危险性的具体评价指标包括风暴增水、风速、潮差、浪高、降雨强度、海平面变化和气旋频数等；承灾体脆弱性的具体评价指标包括海岸高程、海岸地貌、海堤标准、海岸坡度和土地利用、人口密度、人均GDP等。确定评价指标后，运用模糊数学等方法进行某一区域的风暴潮灾害程度。

基于指标体系的海岸带灾害风险评估方法无法模拟复杂灾害系统的不确定性与动态性，可能会导致一定的风险估值不准。同时，很难反映灾害风险系统各要素之间的内部联系。同时由于评估过程缺乏灵活性，当评估对象和条件状态发生变化时，很难相应对评估结果进行调整。

(二)基于概率统计的风险评估

基于风险概率的建模与评估，是利用数理统计方法，对历史灾害数据进行分析、提炼，找出海岸带灾害发展演化的规律。进而在灾害区域背景分析基础上，通过灾害风险概率与灾害强度和损失之间相互关系，建立灾害风险概率与损失关系函数和曲线来进行风险建模与评估。概率测度方法是进行城市自然灾害风险分析的重要数学方法。

历史灾情分析是以研究区域历史上发生的灾情资料为基础，主要包括人员伤亡数据和财产损失数据。致灾因子分析主要分析各种致灾因子的发生频率、影响范围、强度烈度、持续时间等，并在此基础上进行区划。灾害区域背景分析是对研究区域内的地质地貌、气象水文等自然地理环境特征进行深入研究。

(三)基于情景的风险模型

基于各种假定的概率、强度等条件下，对多灾种多承灾体的灾害综合风险进行情景模拟，直观地体现灾情的时空演变特征与区域影响，进行灾害风险模拟，制作风险图。该方法基于情景模拟，从不同灾害、不同承灾体、不同时空尺度，建立不同情景下评估模型，实现灾害综合风险的动态评估。

情景模拟方法需要通过和多智能体、神经网络等复杂系统仿真建模手段相结合，模拟人类活动干扰下的灾害发展演化过程，形成对灾害风险的可视化表达，实现灾害风险的动态评估。这是当前灾害风险评估研究的热点与前沿课题。

(四)专项风险评估

根据《应急产业重点产品和服务指导目录(2015年)》，应急服务目录下事前预防服务下公布了各种风险评估服务，具体包括：公路工程建设风险评估咨询服务、水旱灾害防治与风险评估、洪水影响评价、洪水风险图编制、多灾种灾害综合防治与风险管理、灾害风险评估与预警技术、自然灾害综合风险图编制技术、城市区域综合风险评估系统、多灾种综合风险评估系统、灾害应急救助决策支持系统、城市生命线工程故障分析应急决策系统等。

第四节　灾情

灾情是指在一定的孕灾环境与承灾体条件下,因灾导致某个区域内、一定时期生命与财产损失的情况。

一、灾害损失

灾害损失的量化是评估海岸带区域内一定时段,一系列不同强度灾害对该区域造成的社会损失和经济损失。

社会损失包括在人员伤亡、社会活动和社会发展方面的损失,如对社会活动的破坏、社会秩序的破坏、社会组织管理秩序的失效、人口流失、生态环境恶化和社会发展停滞甚至倒退等。

经济损失包括建筑房屋损失、室内外财产损失、生命线系统损失(给排水、电力、供热、供气和通信系统)、交通设施损失、关键设施损失(水利工程、核设施、军事设施、危险物堆放点和民防工程等)、自然资源损失和文物古迹、文化场馆损失等直接损失,以及救灾投入、搬迁安置和灾后重建、企业减停产损失和宏观经济影响等间接损失。

二、灾害级别界定

对包括海岸带灾害在内的突发公共事件根据灾害事件可能造成的危害程度、波及范围、影响力大小、人员及财产损失等情况,我国统一将突发公共事件按由高到低划分为特别重大级、重大级、较大级、一般级等四个级别。海岸带灾害作为突发事件一般也划分为上述四个等级。

特别重大海洋灾害包括风暴潮、巨浪、海啸、赤潮、海冰等造成 30 人以上死亡,或 5 000 万元以上经济损失的海洋灾害,对沿海重要城市或者 50 平方公里以上较大区域经济、社会和群众生产、生活等造成特别严重影响的海洋灾害。

重大海洋灾害包括风暴潮、巨浪、海啸、赤潮、海冰等造成 10 人以上、30 人以下死亡,或 1 000 万元以上、5 000 万元以下经济损失的海洋灾害对沿海经济、社会和群众生产、生活等造成严重影响的海洋灾害,对大型海上工程设施等造成重大损坏,或严重破坏海洋生态环境的海洋灾害。

　　较大海洋灾害包括风暴潮、巨浪、海啸、赤潮、海冰等造成 3 人以上、10 人以下死亡，或对沿海经济、社会和群众生产、生活等造成严重影响的海洋灾害，对大型海上工程设施等造成重大损坏，或严重破坏海洋生态环境的海洋灾害。

　　未达到上述标准的风暴潮、巨浪、海啸、赤潮、海冰等海岸带灾害归为一般灾害。

 延伸阅读

台风"桑美"造成的福鼎海难

　　"桑美"于 2006 年 8 月 10 日 17：20，在浙江省苍南县马站镇登陆，登陆的风速高达 60 m/s，中心气压 920 hPa。10 至 12 日，浙江沿海、福建北部沿海以及浙江南部和福建北部内陆大部地区出现了 8～10 级大风，其中浙江东南沿海和福建东北部沿海部分地区的风力有 11～12 级，局部地区风力达 14～17 级；福鼎市 10 日 17—20 时连续 3 小时阵风风速超过 40 m/s。

　　由于"桑美"的风力特别强且持续时间长、降雨强度大且时间集中，时任中国气象局副局长郑国光于 2006 年 8 月 10 日上午 9：30 签署了"中国气象局台风应急响应命令"，宣布浙江、福建省气象局和国家气象中心、国家卫星气象中心、中国气象局影视宣传中心进入台风一级气象响应状态。这是中国气象部门第一次进入一级气象应急响应状态。

　　按照规定，在一级气象应急响应状态下，各单位将实行 24 小时重要负责人领班制度，全程跟踪台风状态；浙江、福建气象局每日 4 次向中国气象局报告工作情况；国家气象中心每 1 小时报告台风定位、警报预报消息，每 3 小时组织与有关省（区、市）气象局会商。两省三防办紧急发出通知，提示沿海渔船回港避风，并对海上渔排人员强制撤离。

　　但是，到 8 月 12 日早上 8 时中央气象台停止发布台风预警信号，"桑美"台风还是造成浙江、福建、江西、湖北 4 省 665.65 万人受灾，因灾死亡 483 人（其中福建 276 人，浙江 204 人），紧急转移安置 180.16 万人，农作物受灾面积 29.0 万公顷，绝收面积 3.6 万公顷，倒塌房屋 13.63 万间，直接经济损失 196.58 亿元。两省因台风共造成至少 480 人死亡，直接经济损失达 196.5 亿元。

　　由于"桑美"给我国浙闽地区造成重大人员伤亡和财产损失，2007 年 11 月在中国澳门举行的联合国亚太经社理事会/世界气象组织台风委员会第 40 届会议上，决议让"桑美"这个名字退役，由"山神"取代其命名序列，而"桑美"则作为 2006 年第 8 号台风的专名。

　　在这次灾害应急管理过程中，福建省宁德市及其管辖的福鼎市作了大量的工作。

宁德市领导、福鼎市主要领导亲自指挥灾害应急管理工作，提前开展了危险区域人口转移、灾情宣传发动等工作，通过电视、广播、村民委员会等多种手段，向群众播报台风的有关信息，并做了相应的救灾、抗灾准备工作。灾后6小时，福鼎市即启动了海上搜救打捞工作，组织了抢险救灾队伍，发布了灾情信息，并作了相应的善后工作。但从这次灾难应急中，也暴露出了不少薄弱环节。2008年10月，一部以"桑美"为题材的电影《超强台风》上映。影片中一位气象专家最后总结说："这不是我们和台风的赌博，而是人类向大自然学习的一个过程。"

首先，与陆地相比，海上船只特别是渔船，流动性大，海上联络手段薄弱，传统的依靠行政村基层宣传、动员的方式难以应用于海上。而且渔船大多装备简单，传统的手机、电视、广播等传媒也难以覆盖到全体渔船。因此，海上灾害预警"最后一公里"的问题最为突出。

其次，我国在海洋灾害预警方面采取了层级制的信息传递体制。灾害监测预警一般由中央气象机构来承担。中央气象机构在监测到致灾因子详细信息后，通过中央—省区、市—市—县区、市—乡镇的行政层级传递到基层，这就难免因传递环节过多而出现信息延误现象。县和乡镇一级应急管理体系收到信息时，与中央机构发布信息，总会有数小时甚至十数小时的间隔。而灾害应急管理的大量的具体工作是由市、县、乡三级应急管理机构来承担的。因此，灾害信息的层级制传递体制，实际上延误了采取灾前应急管理措施的宝贵时间，降低了海洋灾害应急管理效率。

再次，由于在灾害过程中，水、电、通讯、交通等基础设施完全破坏，基层应急管理组织在灾害信息获得与资源方面能力不足。直到风力减小6小时后，当地才能组织起一定规模的搜救工作。但出动船只不多，搜救规模有限。灾害中，福鼎市两艘抢险救灾公务船，都在台风中遭到毁坏，无法开远。市渔政部门的3艘执法船，被台风吹翻两艘。在台风后的第一天，连同边防、海警支援船只，福鼎市只能集中10艘船只投入搜救。直到8月12日，外地支援船只赶来，搜救的力量才得以加强，组织搜救的规模才得以有效扩大，但已经错过了最佳的搜救时间。

最后，当地应急管理机构在投入全部力量进行抢险救灾的同时，由于基层灾害应急体系能力不足，灾情统计和安抚高度依赖村、社区等等传统方式，部分未能得到及时救助的受灾群众在恐惧和失望心理的共同作用下，对当地政府的救灾公信力产生了质疑。因此，灾后群众心理安抚和灾情信息管理也构成了影响海岸带灾害应急管理效能的一个重要方面，必须得到应有的重视。

? 思考题

1.结合实际情况界定当地海岸带灾害的致灾因子。

2.致灾因子与承灾体是如何相互作用的？

3.结合实际情况解释当地海岸带灾害的风险。

4.海岸带灾害风险评估规范包括哪些内容？

5.针对当地海岸带灾害风险状况,选用合适的方法制作风险评估报告。

第四章

海岸带灾害应急管理的"一案三制"

【本章要点】

1.海岸带灾害应急预案的内容

2.海岸带灾害应急预案编制原则与程序

3.应急预案的内涵与框架

4.应急预案的审批与修订流程

5.应急演练的过程

6.海岸带应急管理法制建设的意义

应急管理的"一案三制"是具有中国特色的应急管理体系。"一案"是指应急预案,据发生和可能发生的灾害事件,事先研究制订的应对计划和方案。"三制"是指应急工作的运行机制、管理体制和法制建设。"一案三制"的四个构成要素是一个密不可分的整体。

第一节　海岸带灾害应急预案

从 2003 年开始,我国开始了"一案三制"建设工作。2007 年,在总结经验的基础上,颁布并实施了《中华人民共和国突发事件应对法》,正式确立了"统一领导、综合协调、分类管理、分级负责、属地管理为主"的应急管理体制,提出建立健全突发事件应急预案体系:国务院有关部门根据各自的职责和相关应急预案,制定部门应急预案;县级以上各级政府有关部门根据有关法律、法规、规章、上级人民政府及其有关部门的应急预案,结合本地区的实际情况,制定相应的应急预案。

一、应急预案内容

应急预案又称"应急计划""突发事件应对方案",是各级主管部门针对可能发生的海岸带灾害,为迅速、有序有效地开展应急救援行动,降低灾害损失而制订的有关计划或方案,对应急机构人员与职责、应急技术、应急装备设施、应急物资储备与物流系统、灾后救援行动以及救灾指挥与协调等方面预先作出的具体安排。它提供海岸带灾害应对的标准化反应程序,是海岸带灾害处置的基本规则和应急响应的操作指南。

应急管理体制是各级党政机关、武装部队、企事业单位、社会团体、社会公众等灾后应急管理相关方,在发生海岸带灾害后的组织机构设置,各主体间隶属关系、管理权限和责任划分等方面所形成的体系、制度、方法、形式的总称。

应急预案是针对可能发生的各种海岸带灾害,在进行风险评估和对自身应急能力进行分析的基础上,包括在预防与应急准备、监测与预警、应急处置与救援、事后恢复与重建等方面所做的具体安排。预案是由不同层级、不同类型预案组成的。

二、应急预案编制原则与程序

应急预案编制时需要遵循针对性、科学性、完整性、相互衔接性、可操作性、可读性等原则。包括以下基本步骤:

(一)成立应急预案编制小组

这是应急预案编制工作的重要环节,对实现应急管理的基本原则具有很重要的作用。同时,应急预案编制小组的成立为各个应急部门提供了一个非常重要的协作与交流机会,有利于统一应急各方的观点和意见。应急预案编制小组的成员一般包括:行政首长或其代表、应急管理部门、消防、公安、环保、卫生、市政、医院、医疗急救、卫生防疫、邮电、交通管理等有关部门、广播、电视等新闻媒体、法律顾问、有关企业以及上级政府或应急机构代表和技术专家等。

(二)风险分析

风险分析是应急预案编制的基础,为应急准备和应急响应提供必要的信息和资料。风险分析包括危险识别、脆弱性分析和风险评估。

(三)编写应急预案

首先,基于重大事故风险的分析结果、参考应急资源需求和现状以及有关法律法规要求进行应急预案的编制。其次,编制应急预案时,应充分收集和参阅已有的应急预案,包括上级部门的应急预案、所在地区的总体应急预案等,以最大限度地减少工作量和避免应急预案的重复和交叉,确保与其他相关应急预案的协调和一致,避免与其他预案的矛盾冲突。

(四)评审应急预案

为保证应急预案的科学性、合理性以及与实际情况的符合性,应急预案必须经过评审,包括组织内部评审和专家科学评审,必要时请示上级应急机构进行评审。

(五)批准和发布应急预案

应急预案经评审通过后,应当报有关部门批准,批准后进行正式发布和备案。一般情况下,各级政府的专项应急预案,应当经同级政府批准同意,由同级政府发布。部门应急预案和专项应急预案应当报行政主管部门备案。企事业单位的应急预案由单位领导批准,自行印发,并应报行政主管部门备案。

三、应急预案体系构成

应急预案体系建设是海岸带灾害应急管理的不可或缺的重要内容,包括对海岸带灾害的监测监视、预测预警、等级标准、响应程序、应急处置和调查评估等,一般而言,应急预案的内涵体现在以下 8 个方面:

第一,应急预案明确了海岸带灾害应急处置的政策法规依据、工作原则和应对重点等基本内容。

第二,应急预案明确了海岸带灾害处置的组织指挥体系与职责,规范了应急指挥机构的响应程序和内容,并对有关部门的应急救援的责任进行规定。

第三,应急预案明确了海岸带灾害的预防预警机制和应急处置程序及方法,能快速反应处理海岸带灾害,防止灾害扩大和蔓延。

第四,应急预案明确了海岸带灾害分级响应的原则、主体和程序,以及组织管理流程框架、应对策略选择和资源调配的原则。

第五,应急预案明确了海岸带灾害抢险救援、处置程序、采用预先规定方式,可以在灾害发生后实施迅速、有效的救援,减少人员伤亡,保障人民的生命和财产安全。

第六,应急预案明确了处置海岸带灾害发生后的应急保障措施,为灾后安置提供了有力保障,包括在应急处置过程中的人力、财力、物资、交通运输、医疗卫生、治安维护、人员防护、通信与信息、公共设施、社会沟通、技术支撑等方面的详细执行计划。

第七,应急预案规范了灾后恢复重建与善后管理的机制,为灾后人们的生产生活、社会秩序和生态环境能尽快恢复正常状态提供保障。

第八,应急预案明确了应急管理日常性事务,为防范应对海岸带灾害所作的宣传、培训、演练、调查评估,以及应急预案本身的修订完善等动态管理内容进行了规范。

应急预案的框架内容包括:

(1)总则:编制目的、编制依据、适用范围、预案体系、工作原则。

(2)指挥体系及职责:机构与职责、组织体系的框架。

(3)预警与预防机制:危险源监控、预警行动、信息报告与处理。

(4)应急响应:响应分级、响应程序、应急结束。

(5)后期处置:善后处置、经验教训总结。

(6)保障措施:各方面保障及宣传、培训、监督检查等。

(7)附则:有关术语说明、奖励与责任、制定与解释部门等。

(8)附录:工作流程图、专家领导、应急资源等。

在国家《风暴潮、海浪、海啸、海冰灾害应急预案》及《赤潮灾害应急预案》等应急预案的框架下,福建省相继出台了《福建省渔业防台风应急预案》《福建省风暴潮灾害应急预案》《福建省海啸灾害应急预案》《福建省赤潮灾害应急预案》《福建省防汛防台风应急预案》,明确规范省级海洋与渔业等预防、应急处置海洋灾害和灾后渔业生产恢复等内容;福州市也相继出台了《福州市防洪防台风应急预案》《福州市风暴潮灾害应急预案》《福州市海啸灾害应急预案》《福州市赤潮灾害应急预案》,明确规范全市海洋与渔业系统预防、应急处置和灾后渔业生产恢复等内容;连江县和黄岐镇也编制了《连江县防洪工作预案》《连江县赤潮灾害应急预案》《黄岐镇防汛抗台抢险救灾应急预案》,进一步规范县、镇防汛抗洪抢险救灾等工作。这些预案基本形成了省、市、县、镇、村五级联动信息传送通路,明确各级应对海洋灾害的防御和应急处置能力,使各级互连互通、高效运转。

四、应急预案审批与修订

根据国务院《突发事件应急预案管理办法》规定,应急预案编制工作小组或牵头单位应当将预案送审稿及各有关单位复函和意见、采纳情况说明、编制工作说明等有关材料报送应急预案审批单位。因保密等原因需要发布应急预案简本的,应当将应急预案简本一起报送审批。

应急预案审核内容主要包括预案是否符合有关法律、行政法规,是否与有关应急预案进行了衔接,各方面意见是否一致,主体内容是否完备,责任分工是否合理明确,应急响应级别设计是否合理,应对措施是否具体简明、管用可行等。必要时,应急预案审批单位可组织有关专家对应急预案进行评审。

国家总体应急预案报国务院审批,以国务院名义印发;专项应急预案报国务院审批,以国务院办公厅名义印发;部门应急预案由部门有关会议审议决定,以部门名义印发,必要时,可以由国务院办公厅转发。地方各级人民政府总体应急预案应当经本级人民政府常务会议审议,以本级人民政府名义印发;专项应急预案应当经本级人民政府审批,必要时经本级人民政府常务会议或专题会议审议,以本级人民政府办公厅(室)名义印发;部门应急预案应当经部门有关会议审议,以部门名义印发,必要时,可以由本级人民政府办公厅(室)转发。单位和基层组织应急预案须经本单位或基层组织主要负责人或分管负责人签发,审批方式根据实际情况确定。

应急预案审批单位应当在应急预案印发后的 20 个工作日内依照下列规定向有关单位备案:

(1)地方人民政府总体应急预案报送上一级人民政府备案。

(2)地方人民政府专项应急预案抄送上一级人民政府有关主管部门备案。

(3)部门应急预案报送本级人民政府备案。

(4)涉及需要与所在地政府联合应急处置的中央单位应急预案,应当向所在地县级人民政府备案。海岸带灾害类政府及其部门应急预案,应向社会公布。

应急预案不是一成不变的,必须与时俱进。当有关法律、法规、规章、标准、上位预案发生变化的,应急指挥机构及其职责发生调整的,面临的风险或其他重要环境因素发生变化的,重要应急资源发生重大变化的,预案中的其他重要信息发生变化的,在灾害事件实际应对和应急演练中发现需要作出重大调整的应当修订应急预案。

五、应急预案宣传、培训和演练

实践证明,演练对检验预案、完善准备、锻炼队伍、磨合机制等有着积极的作用。应急预案编制单位应当根据实际情况采取实战演练、桌面推演等方式,组织相关人员尽可能参与。通过"双盲"演练(不预告时间、不预告地点),及时发现预案中存在的问题,进而改进完善应急预案。

(一)应急演练类型

应急演练可以根据不同的标准划分为不同的类型。按照演练内容划分,应急演练可以分为专项演练和综合演练。综合演练是针对预案中多项或全部应急响应功能开展的演练活动。专项演练是针对应急预案中某项应急响应功能开展的演练活动。

按照演练形式划分,应急演练可以分为桌面演练和实战演练。桌面演练是针对灾害情景,利用图纸、沙盘、流程图、计算机、视频等辅助手段,依据应急预案而进行交互式讨论或模拟应急状态下应急行动的演练活动。现场演练是模拟现实生活中的设备设施、装置场所,设定情景,依据应急预案而模拟开展的演练活动。

按照演练目的划分,应急演练可以分为检验性演练、示范性演练和研究性演练。检验性演练是检验应急预案的可行性、应急准备的充分性、应急机制的协调性及相关人员的应急处置能力。示范性演练是向观摩人员展示应急能力或提供示范教学。研究性演练是研究和解决灾害应急处置的重难点问题,试验新方案的演练。

(二)应急演练过程

应急演练过程包括组织与策划(成立机构、制定计划、设计方案)、组织实施(启动与执行)、结束总结与应急演练评估。主要目的是发现不足项、需整改项和可改进项。典型的演练流程如下:

步骤1:描述已知信息

在演练主持人以可视化的形式(如视频展示或文字信息资料报送等形式)将一般背景信息和初始场景信息展示给所有参演者后,参演者要对信息进行描述。基础数据准备包括:承灾体、历史灾情及潮位观测数据等,地形、地貌及其他具有空间参考的研究区数据,并进行整合,完成数据格式的转换与统一等。通过这一过程确保每个成员都清楚地了解所接收到的信息。

步骤2:把握问题

首先,详细分析突发事件所导致的问题,即从初始场景描述中发现有哪些需要解决的问题。这里可以采用三轮提问法、头脑风暴法等形式提出问题,并进行记录。从普通公民角度和职务角度提出所面临的问题;其次,对列举的问题进行补充,并对问题进行分类和排序。运用有关工具分析人群日常活动行为特征,基于高分辨率土地利用信息,构建研究区域地形和风场地形、设置潮水位边界条件,搭建模拟模型。

步骤3:紧急措施

在自己负责的领域中进一步搜集信息或要求现场提供进一步的准确信息;向上级

部门紧急汇报;启动应急预案或发出预警信息;紧急咨询专业人员。

步骤4:对动态信息进行研判并作出决策

指挥部针对每一条新信息都要采取如下步骤进行信息研判并作出决策:

(1)形势研判。指挥部成员对新形势所造成的影响、引发的问题及产生的后果等要进行详细的分析判断。如:

新情况意味着什么?

新情况对人(包括妇女、儿童等特殊人群)、环境和基础设施会产生什么影响?

新情况在未来一段时间(8小时/24小时/一周以后)会产生什么影响?

形势可能向着哪些方向发展?

谁能对形势判断提供支持?

(2)应对措施的可行性分析。如:

下级单位需要哪些支持?

谁可以参与救援行动?

可以采取哪些行动?

这些行动的可行性及优缺点是什么?

这些行动的哪种排列顺序更有意义?

(3)作出决策。

有哪些处置目标?

如何对处置目标进行正确排序?

谁来实施这些处置行动?

处置行动需要哪些手段(人力、物资、经费)?

以什么方式通知处置救援人员?

还有哪些备用的处置措施?

步骤5:下达指令,任务分派。如:

处置目标、细指令(关键要素:谁、以什么方式、做什么、期限是什么等)。

步骤6:演练方案评审。

步骤1、2是在时间压力较小的情况下的分析式桌面演练环节,侧重对问题进行充分的分析,通常是模拟预警环节。步骤3是承上启下环节,相当于真实突发事件处置中的先期处置环节。步骤4、5是动态的递进式或交互桌面演练环节。此时指挥部紧张工作,不断完成主持人或导调员提出的任务,或者与外部角色不断互动,直至完成演练任务。

(三)演练文案

(1)演练人员手册。内容主要包括演练概述、组织机构、时间、地点、参演单位、演练目的、演练情景概述、演练现场标识、演练后勤保障、演练规则、安全注意事项、通信联系方式等,但不包括演练细节。演练人员手册可发放给所有参加演练的人员。

(2)演练控制指南。内容主要包括演练情景概述、演练事件清单、演练场景说明、参演者及其位置、演练控制规则、控制人员组织结构与职责、通信联系方式等。演练控制指南主要供演练控制人员使用。

(3)演练评估指南。内容主要包括演练情景概述、演练事件清单、演练目标、演练场景说明、参演者及其位置、评估人员组织结构与职责、评估人员位置、评估表格及相关工具、通信联系方式等。演练评估指南主要演练评估人员使用。

(4)演练宣传方案。内容主要包括宣传目标、宣传方式、传播途径、主要任务及分工、技术支持、通信联系方式等。

(5)演练脚本。首先,基于历史数据和概率分析方法设置未来可能发生的典型情景;其次,模拟各种情景下台风风暴潮造成增水、溃堤或者淹没的过程,根据模拟结果评估致灾因子的危险性和承灾体的脆弱性,提出适宜的应急疏散策略;最后,应急疏散仿真模拟及疏散预案优化,指定避难场所,制作专题图、文本、动画等多种形式来展现不同情景下多尺度的应急疏散预案。

(四)应急演练培训宣传

应急预案编制单位应当通过编发培训材料、举办培训班、开展工作研讨等方式,对与应急预案实施密切相关的管理人员和专业救援人员等组织开展应急预案培训。

各级政府及其有关部门应将应急预案培训作为应急管理培训的重要内容,作为领导干部培训、公务员培训、应急管理干部日常培训内容。

对需要公众广泛参与的非涉密的应急预案,编制单位应当充分利用互联网、广播、电视、报刊等多种媒体广泛宣传,制作通俗易懂、好记管用的宣传普及材料,向公众免费发放。

第二节　海岸带应急管理的"三制"

应急管理的"三制"是指应急工作的运行机制、管理体制和法制建设。应急运行机制是历史灾害处置的历史经验总结、概括和提炼的相对稳定的部分。应急管理体制是应急运行机制运行的组织载体。法制建设是应急管理体系的基础和保障,也是合理开展各项应急活动的依据。

一、海岸带灾害应急管理体制与机制

应急管理体制是指相关机构如国家行政机关、救灾军队、企事业单位、社会团体等应急管理中利益相关方在灾害预防、处置和善后等过程中在关于管理机构设置、管理权限划分、岗位职责规定等方面的制度安排,是关于组织形式的体系、制度、规范、方法、形式等的总称。灾害应急管理体制作为应急管理的组织载体,解决了应急管理中各利益相关方的权力与职责问题,从微观层面上提出各种承担应急管理职能的机构应当如何设置、运行的问题。

根据《突发事件应对法》《突发公共事件总体预案》规定,我国应急管理体制体现为"统一领导、综合协调、分类管理、分级负责、属地管理为主"。海岸带灾害作为突发事件的一种类型,适用于这一原则,具体内容见教材第二章第三节。

应急管理机制是指应急管理体制运行的一些程序化、规范化和制度化的方法和策略。从内涵上看,应急管理机制是一组以相关法律、规则和部门规章等为基础的应急管理工作流程。从外在形式上看,应急管理机制体现了政府应急管理的各项具体职能。我国政府应急管理机制具有"统一指挥、反应灵敏、协调有序、运转高效"的特点,具体包括突发事件预防与准备、监测与预警、处置与救援、恢复与重建等方面的运行机制。具体内容见教材第二章第二节。

二、海岸带应急管理法制建设

世界各国为了减轻灾害损失,提高灾害应急管理水平,都建立了各具特色的应急管理法律法规体系。例如,美国在 1950 年通过了《灾难救济法》,此后相继制定和颁布了《全国洪水保险法》《斯坦福灾难救济紧急援助法》和《国土安全法》等诸多应急管理法律法规。目前已形成了联邦法、联邦条例、行政命令等诸多应急管理法律法规。

2007 年 11 月 1 日开始实施的《中华人民共和国突发事件应对法》中规定:"突发事件,是指突然发生,造成或者可能造成严重社会危害,需要采取应急处置措施予以应对的自然灾害、事故灾难、公共卫生事件和社会安全事件。"海岸带灾害作为突发事件的一个组成部分,关于海岸带区域的应急管理法制是国家法律体系和法治实践的重要组成部分,是一项宏大的社会系统工程,涉及多要素和多环节。主要环节包括应急管理立法、应急管理法律规范的遵守，以及有关法律规范的实施、监督等方面。

以海岸带、应急管理为中心，我国海岸带应急管理相关法律基本建立了以宪法为依据、以突发事件应对法为核心、以相关法律法规为配套的应急管理法律体系，使应急工作可以做到有章可循、有法可依。

（1）宪法的有关规定：根本法地位。

（2）应急管理基本法：包括紧急状态法和突发事件应对法。

（3）应急管理单行法：分散在刑法、民法等文件中。

（4）相关法律中的应急管理规范：包括国际法公约和区域法公约。

（5）国际条款中的相关条款。

（6）应急管理行政法规：例如突发公共卫生事件应急条例。

（7）应急管理地方性法规：例如山西省突发事件应对条例。

（8）应急管理的规章：国务院直属机构关于应急管理的文件。

（9）应急预案。

以上法规和制度对于现代法治国家的建设作用巨大，其主要表现在：

（1）各类突发事件应对进行规范；

（2）为有效减少各类突发事件危害提供重要保证；

（3）为公民合法权益提供重要保障；

（4）增强全社会抗御突发事件的能力。

 延伸阅读

风暴潮、海啸、海冰灾害应急预案

国家海洋局 2012 年 07 月 12 日发布。

1 总则

1.1 目的

为贯彻落实《中华人民共和国突发事件应对法》，强化海洋灾害预警报工作，提升服务水平，提高海洋灾害预防和应对能力，最大限度地减少海洋灾害造成的损失，保障人民生命和财产安全，维护国家和社会稳定，促进社会和经济的全面、协调、可持续发展，特制定本预案。

1.2 工作原则

1.2.1 统一领导，分级负责

在国务院的统一领导下，建立健全分类管理、分级负责、条块结合、属地为主的应急管理体制，建立行政领导负责制，提高各级海洋行政主管部门对海洋灾害预警报和

应急处置工作的指挥协调能力。

1.2.2 平战结合、规范运转

坚持日常与应急工作相结合,将海洋灾害应急处置工作纳入常态化管理。建立健全工作责任制,规范各项应急响应流程,切实将应急职责落实到岗、明确到人,确保应急工作反应灵敏、协调有序、运转高效。

1.2.3 加强观测,及时预警

运用高新技术,改进海洋灾害观测、预警报的技术手段,对海洋灾害实施高密度的观测,及时掌握海洋灾害发生、发展动态,快速做出预测预警,为海洋防灾减灾决策提供有力支持。

1.3 适用范围

本预案适用于影响我国管辖海域的风暴潮、海浪、海啸和海冰灾害的应急观测、预警、预防工作。

2 风暴潮、海浪、海啸和海冰灾害应急组织体系和职责

国家海洋局风暴潮、海浪、海啸和海冰应急管理领导机构的组成和职责依据国家海洋局应急管理相关制度确定。

国家海洋局和沿海各省(自治区、直辖市)海洋部门承担风暴潮、海浪、海啸和海冰应急任务的相关部门和机构分工如下:

2.1 国家海洋局值班室

负责局 24 小时应急值守和海洋灾害信息收发、承转以及与国务院及其有关部门、军方等相关单位的信息往来;汇总和编辑局"值班信息",上报国务院应急办;对各种信息进行全面汇总和有效管理;与国务院应急平台及时联通,与各应急队伍建立通信网络。

2.2 国家海洋局海洋预报减灾司

负责风暴潮、海浪、海啸和海冰灾害应急预案的修订和完善;建立海洋灾害观测预警报体系;监督、指导应急状态下的海洋灾害观测、预警报业务;组织开展特别重大海洋灾害调查评估。

2.3 国家海洋局国际合作司(港澳台办公室)

负责组织协调与周边国家及中国香港地区、中国澳门地区和中国台湾地区的海啸应急响应联络和信息沟通。

2.4 中国海监总队

负责组织协调中国海监力量参与对风暴潮、海浪、海啸和海冰灾害的应急观测、调查工作,做好局委托的应急值班工作。

2.5 国家海洋局新闻信息办公室

负责建立海洋灾害预警信息通报与发布制度,协调电视、广播、互联网络等媒体向社会公众发布海洋灾害预警等相关信息,统一组织媒体采访事宜;负责舆情汇集、舆情引导和编发《海洋专报》;会同局海洋预报减灾司开展海洋灾害应急法律法规和防灾减灾知识的宣传。

2.6 国家海洋局海区分局

负责建立相应风暴潮、海浪、海啸和海冰灾害应急管理领导机构和工作机构,落实相关责任;保证本海区海洋灾害观测系统正常运行;组织海区预报中心发布所在海区海洋灾害预警报,并开展相关决策服务和业务咨询;及时收集、报告海洋灾害灾情,组织或参与本海区海洋灾害调查评估。

2.7 沿海各省(自治区、直辖市)海洋部门

负责建立相应风暴潮、海浪、海啸和海冰灾害应急管理领导机构和工作机构,落实相关责任;保证本省(自治区、直辖市)海洋灾害观测系统正常运行;组织省海洋预报台发布本省(自治区、直辖市)海洋灾害预警报,并开展相关决策服务和业务咨询;及时收集、报告海洋灾害灾情,组织或参与本省(自治区、直辖市)海洋灾害调查评估。

2.8 国家海洋环境预报中心

负责向社会公众发布全国海洋灾害预警报,组织开展海洋灾害应急预警报会商;向国务院有关部门、军方有关单位、沿海省、自治区、直辖市、计划单列市人民政府(总值班室、应急办和海洋部门)、相关涉海中央直属企业、海区和省级海洋预报机构发布全国海域的风暴潮、海浪、海啸和海冰灾害预警报并提供相关决策服务和业务咨询。

2.9 国家海洋环境监测中心

负责鲅鱼圈岸基测冰雷达站运行管理,开展海冰观测,并提供海冰灾害发生期间的雷达观测分析处理资料。

2.10 国家卫星海洋应用中心

负责提供海洋灾害发生期间的卫星遥感分析处理实时资料。

2.11 国家海洋局海口中心站

负责建立相应风暴潮、海浪、海啸灾害应急工作机构,落实相关责任;保证本中心站海洋灾害观测系统正常运行,获取、传输灾害观测数据。

3 风暴潮、海浪、海啸和海冰灾害应急响应标准

3.1 风暴潮灾害应急响应标准

风暴潮灾害应急响应分为Ⅰ、Ⅱ、Ⅲ、Ⅳ四级,分别对应特别重大海洋灾害、重大海洋灾害、较大海洋灾害和一般海洋灾害,颜色依次为红色、橙色、黄色和蓝色。

3.1.1 风暴潮灾害Ⅰ级响应(红色)

对已在使用按照《警戒潮位核定规范(GB/T 17839—2011)》核定的四色警戒潮位值的地区,受热带气旋(包括:超强台风、强台风、台风、强热带风暴、热带风暴,下同)或温带天气系统影响,预计未来沿岸受影响区域内有一个或一个以上有代表性验潮站将达到当地红色警戒潮位时,应发布风暴潮Ⅰ级警报(红色),并启动风暴潮灾害Ⅰ级应急响应。

对仍在使用按照《警戒潮位核定方法(GB/T 17839—1999)》核定的警戒潮位值的地区,受热带气旋或温带天气系统影响,预计未来沿岸受影响区域内有一个或一个以上有代表性的验潮站将出现超过当地警戒潮位 2 000 px 以上的高潮位时,应发布风暴潮Ⅰ级警报(红色),并启动风暴潮灾害Ⅰ级应急响应。

3.1.2 风暴潮灾害Ⅱ级响应(橙色)

对已在使用按照《警戒潮位核定规范(GB/T 17839—2011)》核定的四色警戒潮位值的地区,受热带气旋或温带天气系统影响,预计未来沿岸受影响区域内有一个或一个以上有代表性验潮站将达到当地橙色警戒潮位时,应发布风暴潮Ⅱ级警报(橙色),并启动风暴潮灾害Ⅱ级应急响应。

对仍在使用按照《警戒潮位核定方法(GB/T 17839—1999)》核定的警戒潮位值的地区,受热带气旋或温带天气系统影响,预计未来沿岸受影响区域内有一个或一个以上有代表性的验潮站将出现超过当地警戒潮位 750 px(不含)～2 000 px 的高潮位时,应发布风暴潮Ⅱ级警报(橙色),并启动风暴潮灾害Ⅱ级应急响应。

3.1.3 风暴潮灾害Ⅲ级响应(黄色)

对已在使用按照《警戒潮位核定规范(GB/T 17839—2011)》核定的四色警戒潮位值的地区,受热带气旋或温带天气系统影响,预计未来沿岸受影响区域内有一个或一个以上有代表性验潮站将达到当地黄色警戒潮位时,应发布风暴潮Ⅲ级警报(黄色),并启动风暴潮灾害Ⅲ级响应。

对仍在使用按照《警戒潮位核定方法(GB/T 17839—1999)》核定的警戒潮位值的地区,受热带气旋或温带天气系统影响,预计未来沿岸受影响区域内有一个或一个以上有代表性的验潮站将出现超过当地警戒潮位 0(不含)～750 px 的高潮位时,应发布风暴潮Ⅲ级警报(黄色),并启动风暴潮灾害Ⅲ级应急响应。预计未来沿岸受影响区域内有一个或一个以上有代表性的验潮站将出现低于当地警戒潮位 0(不含)～750 px 的高潮位,同时此验潮站风暴潮增水达到 3 000 px 以上时,也应发布风暴潮Ⅲ级警报(黄色),并启动风暴潮灾害Ⅲ级应急响应。

3.1.4 风暴潮灾害Ⅳ级响应(蓝色)

对已在使用按照《警戒潮位核定规范(GB/T 17839—2011)》核定的四色警戒潮位值的地区,受热带气旋或温带天气系统影响,预计未来沿岸受影响区域内有一个或一个以上有代表性验潮站将达到当地蓝色警戒潮位时,应发布风暴潮Ⅳ级警报(蓝色),并启动风暴潮灾害Ⅳ级应急响应。预计未来 24 小时内热带气旋将登陆我国沿海地区,或在离岸 100 公里以内(指热带气旋中心位置)转向(或滞留),即使受影响岸段潮位低于蓝色警戒潮位,也应发布风暴潮灾害Ⅳ级警报(蓝色),并启动风暴潮灾害Ⅳ级应急响应。

对仍在使用按照《警戒潮位核定方法(GB/T 17839—1999)》核定的警戒潮位值的地区,受热带气旋或温带天气系统影响,预计未来沿岸受影响区域内有一个或一个以上有代表性的验潮站将出现低于当地警戒潮位 0(不含)~750 px 的高潮位,同时此验潮站风暴潮增水达到 1 750 px 以上时,应发布风暴潮Ⅳ级警报(蓝色),并启动风暴潮灾害Ⅳ级应急响应。预计未来 24 小时内热带气旋将登陆我国沿海地区,或在离岸 100 公里以内(指热带气旋中心位置)转向(或滞留),即使受影响岸段潮位低于当地警戒潮位 750 px,也应发布风暴潮灾害Ⅳ级警报(蓝色),并启动风暴潮灾害Ⅳ级应急响应。

3.2 海浪灾害应急响应标准

海浪灾害应急响应分为Ⅰ、Ⅱ、Ⅲ、Ⅳ四级,分别对应特别重大海洋灾害、重大海洋灾害、较大海洋灾害、一般海洋灾害,颜色依次为红色、橙色、黄色、蓝色。

3.2.1 海浪灾害Ⅰ级应急响应(红色)

受热带气旋或温带天气系统影响,预计未来近海受影响海域出现达到或超过 6.0 米有效波高,或者其他受影响海域将出现达到或超过 14.0 米有效波高时,应发布海浪灾害Ⅰ级警报(红色),并启动海浪灾害Ⅰ级应急响应。

3.2.2 海浪灾害Ⅱ级应急响应(橙色)

受热带气旋或温带天气系统影响,预计未来近海受影响海域出现 4.5 米~6.0 米(不含)有效波高,或者其他受影响海域将出现 9.0 米~14.0 米(不含)有效波高时,应发布海浪灾害Ⅱ级警报(橙色),并启动海浪灾害Ⅱ级应急响应。

3.2.3 海浪灾害Ⅲ级应急响应(黄色)

受热带气旋或温带天气系统影响,预计未来近海受影响海域出现 3.5 米~4.5 米(不含)有效波高,或者其他受影响海域将出现 6.0 米~9.0 米(不含)有效波高时,应发布海浪灾害Ⅲ级警报(黄色),并启动海浪灾害Ⅲ级应急响应。

3.2.4 海浪灾害Ⅳ级应急响应(蓝色)

受热带气旋或温带天气系统影响,预计未来近海受影响海域出现 2.5 米~3.5 米(不含)有效波高时,应发布海浪灾害Ⅳ级警报(蓝色),并启动海浪灾害Ⅳ级应急响应。

3.3 海啸灾害应急响应标准

海啸灾害应急响应分为Ⅰ、Ⅱ、Ⅲ、Ⅳ级,分别对应特别重大海洋灾害、重大海洋灾害、较大海洋灾害、一般海洋灾害,颜色依次为红色、橙色、黄色和蓝色。

3.3.1 海啸灾害Ⅰ级应急响应(红色)

受海啸影响,预计沿岸验潮站出现200厘米(正常潮位以上,下同)以上海啸波高时,应发布海啸灾害Ⅰ级警报(红色),并启动海啸灾害Ⅰ级应急响应。

3.3.2 海啸灾害Ⅱ级应急响应(橙色)

受海啸影响,预计沿岸验潮站出现150厘米~200厘米(不含)海啸波高时,应发布海啸灾害Ⅱ级警报(橙色),并启动海啸灾害Ⅱ级应急响应。

3.3.3 海啸灾害Ⅲ级应急响应(黄色)

受海啸影响,预计沿岸验潮站出现100厘米~150厘米(不含)海啸波高时,应发布海啸灾害Ⅲ级警报(黄色),并启动海啸灾害Ⅲ级应急响应。

3.3.4 海啸灾害Ⅳ级应急响应(蓝色)

受海啸影响,预计沿岸验潮站出现50厘米~100厘米(不含)海啸波高时,应发布海啸灾害Ⅳ级警报(蓝色),并启动海啸灾害Ⅳ级应急响应。

3.4 海冰灾害应急响应标准

海冰灾害应急响应分为Ⅰ、Ⅱ、Ⅲ、Ⅳ级,分别对应特别重大海洋灾害、重大海洋灾害、较大海洋灾害、一般海洋灾害,颜色依次为红色、橙色、黄色和蓝色。

3.4.1 海冰灾害Ⅰ级应急响应(红色)

达到以下情况之一,且浮冰范围内冰量7成以上,预计海冰继续增长时,应发布海冰灾害Ⅰ级警报(红色),并启动海冰灾害Ⅰ级应急响应:

辽东湾浮冰外缘线达到105海里;

黄海北部浮冰外缘线达到45海里;

渤海湾浮冰外缘线达到45海里;

莱州湾浮冰外缘线达到45海里。

3.4.2 海冰灾害Ⅱ级应急响应(橙色)

达到以下情况之一,且浮冰范围内冰量7成以上,预计海冰继续增长时,应发布海冰灾害Ⅱ级警报(橙色),并启动海冰灾害Ⅱ级应急响应:

辽东湾浮冰外缘线达到90海里;

黄海北部浮冰外缘线达到40海里;

渤海湾浮冰外缘线达到40海里;

莱州湾浮冰外缘线达到40海里。

3.4.3 海冰灾害Ⅲ级应急响应(黄色)

达到以下情况之一,且浮冰范围内冰量7成以上,预计海冰继续增长时,应发布海冰灾害Ⅲ级警报(黄色),并启动海冰灾害Ⅲ级应急响应:

辽东湾浮冰外缘线达到75海里;

黄海北部浮冰外缘线达到 35 海里；

渤海湾浮冰外缘线达到 35 海里；

莱州湾浮冰外缘线达到 35 海里。

3.4.4 海冰灾害Ⅳ级应急响应(蓝色)

达到以下情况之一，且浮冰范围内冰量 7 成以上，预计海冰继续增长时，应发布海冰灾害Ⅳ级警报(蓝色)，并启动海冰灾害Ⅳ级应急响应：

辽东湾浮冰外缘线达到 60 海里；

黄海北部浮冰外缘线达到 25 海里；

渤海湾浮冰外缘线达到 25 海里；

莱州湾浮冰外缘线达到 25 海里。

4 风暴潮灾害应急响应程序

针对风暴潮灾害类型和应急响应级别，分别开展以下应急响应：

4.1 风暴潮消息预告

预计台风风暴潮对负责预报海区将产生灾害时，国家、海区和各省(自治区、直辖市)海洋预报机构应至少提前 72 小时发布台风风暴潮消息，预判灾害可能到达的最高级别，提醒相关单位做好防范准备。

预计温带风暴潮对负责预报海区将产生灾害时，国家、海区和各省(自治区、直辖市)海洋预报机构应至少提前 24 小时发布温带风暴潮消息，预判灾害可能到达的最高级别，提醒相关单位做好防范准备。

各级海洋预报机构应密切关注后续形势发展，如预计将形成风暴潮灾害，则转入相应级别的灾害应急响应程序；如确认不会形成风暴潮灾害，应及时发布风暴潮威胁解除消息。

国家海洋环境预报中心将风暴潮消息以传真形式发往国务院有关部门、军方有关单位，受风暴潮影响的沿海省、自治区、直辖市、计划单列市人民政府，相关涉海中央直属企业，受风暴潮影响的海区和省级海洋预报机构。视情况可增加发送单位。

海区预报中心将风暴潮消息以传真形式发往所属海区分局、国家海洋局海洋预报减灾司，海区舰队司令部，受风暴潮影响的沿海省、自治区、直辖市、计划单列市和地级市人民政府，海区内的涉海中央直属企业，国家海洋环境预报中心和本海区的地方各级海洋预报机构(具体名单由海区分局确定)。视情况可增加发送单位。

各省(自治区、直辖市)海洋部门根据当地政府要求和灾害防御实际需求，自行确定消息发送形式和发往单位。

4.2 风暴潮灾害Ⅲ级、Ⅳ级应急响应

4.2.1 应急响应启动

预计负责预报海区将发生达到Ⅲ级或Ⅳ级应急响应启动标准的风暴潮灾害时，国

家、海区和省(自治区、直辖市)海洋预报机构应提前发布风暴潮灾害Ⅲ级警报(黄色)或Ⅳ级警报(蓝色)(其中,台风风暴潮警报至少提前24小时发布、温带风暴潮警报至少提前12小时发布)。

承担风暴潮灾害应急响应工作任务的部门和单位收到灾害警报后,立即启动相应级别的应急响应。

4.2.2 应急组织管理

风暴潮灾害Ⅲ级应急响应启动后,国家、海区和省(自治区、直辖市)海洋部门业务司(处)人员应安排值班,每日至少参加1次灾害预警应急会商,协调风暴潮灾害应急响应和处置工作。

风暴潮灾害Ⅳ级应急响应启动后,国家、海区和省(自治区、直辖市)海洋部门业务司(处)领导和工作人员应保持24小时通讯畅通,密切关注风暴潮灾害发生发展动态,协调风暴潮灾害应急响应和处置工作。

风暴潮灾害Ⅲ级、Ⅳ级应急响应启动后,国家、海区和省(自治区、直辖市)海洋预报机构的领导应赶到预报工作现场,组织风暴潮灾害预警工作,预报人员实行24小时值班,及时向海洋部门报告风暴潮灾害动态和应急工作情况,并对本次风暴潮灾害未来可能达到的最高预警级别做出预测。

如预测未来风暴潮灾害最高可能发布Ⅰ级警报时,由国家海洋局领导组织召开行政视频会商会,提前部署风暴潮灾害应急观测预警工作,相关海区分局和省(自治区、直辖市)海洋部门领导应参加会议并汇报各单位工作准备情况。

如预测未来风暴潮灾害最高可能发布Ⅱ级警报时,由国家海洋局预报减灾司组织召开行政视频会商会,提前部署风暴潮灾害应急观测预警工作,相关海区分局和省(自治区、直辖市)海洋部门领导应参加会议并汇报各单位工作准备情况。

4.2.3 灾害预警发布

国家、海区和省(自治区、直辖市)海洋预报机构密切跟踪风暴潮灾害发生发展动态,组织开展灾害预警应急会商,滚动发布风暴潮灾害预警报。

风暴潮灾害Ⅲ级、Ⅳ级警报发布频次不低于每日2次,如预测未来风暴潮灾害情况与上一次预报出现明显差异时,应迅速加密预报,并及时调整灾害预警级别。

国家海洋环境预报中心和海区预报中心发布风暴潮灾害预警报,由其法定代表人或其授权人签发,通过相关公众媒体和各自网站向社会公众发布,并以传真形式向规定的对象发布。传真发往单位同4.1。

国家海洋环境预报中心和海区预报中心应在发送风暴潮灾害预警报传真的同时,将预警报以手机短信形式发往相关单位事先确定的人员。

各省(自治区、直辖市)海洋行政主管部门根据当地政府灾害防御要求和实际需求,自行确定警报发送形式和发往单位。

4.2.4 灾害信息上报

国家海洋局值班室收到风暴潮灾害预警报信息后,应立即组织人员审核,按照局海洋灾害信息上报的有关规定进行格式转换,经局领导签批后,上报国务院应急办。

灾害信息上报工作完成后,国家海洋局值班室应当将值班信息纸质版送局应急办(局办公室综合业务处)、海洋预报减灾司各1份。

4.2.5 灾害应急观测

(1)海区分局和有观测能力的省级海洋部门组织观测单位实行24小时值班,及时检查海洋站观测仪器设备运行情况,确保海洋站和浮标观测数据的正常获取和实时传输。

(2)国家海洋环境预报中心和海区预报中心及时将收集的GTS资料、卫星遥感资料和通过其他渠道获得的海洋、气象观测资料,以及处理形成的预报产品向海区及省(自治区、直辖市)预报机构分发。

(3)国家卫星海洋应用中心应局海洋预报减灾司要求,提供风暴潮灾害发生期间的卫星遥感分析处理实时资料。

4.2.6 灾害应急速报

警报发布后,每日7—19时,国家海洋环境预报中心和海区预报中心汇总分析各类资料,每6小时发布1期实况速报,通报海上最新实况。

各省(自治区、直辖市)海洋部门根据当地政府灾害防御要求和实际需求,自行确定速报发送形式和发往单位。

4.3 风暴潮灾害Ⅰ级、Ⅱ级应急响应

4.3.1 应急响应启动

预计负责预报海区将发生达到Ⅰ级或Ⅱ级应急响应启动标准的风暴潮灾害时,国家、海区和省(自治区、直辖市)海洋预报机构应提前发布风暴潮灾害Ⅰ级警报(红色)或Ⅱ级警报(橙色)(其中,台风风暴潮警报至少提前12小时发布,温带风暴潮警报至少提前6小时发布)。

承担风暴潮灾害应急响应工作任务的部门和单位收到灾害警报后,立即启动相应级别的应急响应。

4.3.2 应急组织管理

风暴潮灾害Ⅰ级应急响应启动后,国家、海区和省(自治区、直辖市)海洋部门主管领导安排值班,国家海洋局视灾害发展动态,组织召开行政视频会商会,指挥协调风暴潮灾害应急响应和处置工作,海区和省(自治区、直辖市)海洋部门领导参会并汇报工作开展情况。

风暴潮灾害Ⅱ级应急响应启动后,国家海洋局预报减灾司和海区、省(自治区、直辖市)海洋部门领导安排值班,国家海洋局预报减灾司视灾害发展动态,组织召开行政视频会商会,指挥协调风暴潮灾害应急响应和处置工作,海区和省(自治区、直辖市)海洋部门领导参会并汇报工作开展情况。其他同4.2.2。

4.3.3 灾害预警发布

国家海洋环境预报中心和海区预报中心的风暴潮灾害Ⅰ级警报发布频次不低于每日4次,Ⅱ级警报发布频次不低于每日3次,如预测未来风暴潮灾害情况与上一次预报出现明显差异时,应迅速加密预报,并及时调整灾害预警级别。其他同4.2.3。

各省(自治区、直辖市)海洋部门根据当地政府灾害防御要求和实际需求,自行确定警报发送形式和发往单位。

4.3.4 灾害信息上报

同4.2.4。

4.3.5 灾害应急观测

同4.2.5。

4.3.6 灾害应急速报

警报发布后,国家海洋环境预报中心和海区预报中心汇总分析各类资料,每6小时发布1期实况速报,通报海上最新实况,预计台风登陆前或影响最严重前24小时内,加密至每3小时发布1期实况速报。

各省(自治区、直辖市)海洋部门根据当地政府灾害防御要求和实际需求,自行确定速报发送形式和发往单位。

4.4 风暴潮灾害应急响应结束

国家、海区和省(自治区、直辖市)海洋预报机构密切关注风暴潮灾害发展动态,当发现灾害影响已经降至最低启动标准之下时,发布风暴潮灾害警报解除通报。

国家海洋局值班室收到风暴潮灾害警报解除通报后,应立即组织人员做好风暴潮灾害警报解除通报的上报工作。

承担风暴潮灾害应急响应工作任务的部门和单位收到灾害警报解除通报后,结束本次应急响应。

5 海浪灾害应急响应程序

针对海浪灾害类型和应急响应级别,分别开展以下应急响应:

5.1 海浪消息预告

预计台风浪对负责预报海区将产生灾害时,国家、海区和各省(自治区、直辖市)海洋预报机构应至少提前48小时发布台风浪消息,提醒相关单位做好防范准备。

预计冷空气浪和温带气旋浪对负责预报海区将产生灾害时,国家、海区和各省(自治区、直辖市)海洋预报机构应至少提前 36 小时发布冷空气浪和温带气旋浪消息,提醒相关单位做好防范准备。

国家、海区和各省(自治区、直辖市)预报机构密切关注后续形势发展,如预计将形成海浪灾害,则转入相应级别的灾害应急响应程序;如确认不会形成海浪灾害,应及时发布海浪威胁解除消息。

国家海洋环境预报中心将海浪消息以传真形式发往国务院有关部门、军方有关单位,受海浪影响的沿海省、自治区、直辖市、计划单列市人民政府,相关涉海中央直属企业,受海浪影响的海区和省级海洋预报机构。视情况可增加发送单位。

海区预报中心将海浪消息以传真形式发往所属海区分局、国家海洋局海洋预报减灾司,海区舰队司令部,受海浪影响的沿海省、自治区、直辖市、计划单列市和地级市人民政府,海区内的涉海中央直属企业,国家海洋环境预报中心和本海区的地方各级海洋预报机构(具体名单由海区分局确定)。视情况可增加发送单位。

各省(自治区、直辖市)海洋部门根据当地政府要求和灾害防御实际需求,自行确定消息发送形式和发往单位。

5.2 海浪灾害Ⅲ级、Ⅳ级应急响应

5.2.1 应急响应启动

预计负责预报海区将发生达到Ⅲ级或Ⅳ级应急响应启动标准的海浪灾害时,国家、海区和各省(自治区、直辖市)海洋预报机构应至少提前 24 小时发布海浪灾害Ⅲ级警报(黄色)或Ⅳ级警报(蓝色)。

承担海浪灾害应急响应工作任务的部门和单位收到灾害警报后,立即启动相应级别的应急响应。

5.2.2 应急组织管理

海浪灾害Ⅲ级应急响应启动后,国家、海区和省(自治区、直辖市)海洋部门业务司(处)人员安排值班,每日至少参加 1 次灾害预警应急会商,协调海浪灾害应急响应和处置工作。

海浪灾害Ⅳ级应急响应启动后,国家、海区和省(自治区、直辖市)海洋部门业务司(处)领导和相关工作人员应保持 24 小时通讯畅通,密切关注海浪灾害发生发展动态,协调海浪灾害应急响应和处置工作。

海浪灾害Ⅲ级、Ⅳ级应急响应启动后,国家、海区和省(自治区、直辖市)海洋预报机构领导应赶到预报工作现场,组织海浪灾害预警工作,预报人员 24 小时值班,及时向海洋部门报告海浪灾害动态和应急工作情况,并对本次海浪灾害未来可能达到的最高预警级别做出预测。

如预测未来海浪灾害最高可能发布Ⅰ级警报时,由国家海洋局领导组织召开行政视频会商会,提前部署海浪灾害应急观测预警工作,相关海区分局和省(自治区、直辖市)海洋部门领导应参加会议并汇报各单位工作准备情况。

如预测未来海浪灾害最高可能发布Ⅱ级警报时,由国家海洋局预报减灾司组织召开行政视频会商会,提前部署海浪灾害应急观测预警工作,相关海区分局和省(自治区、直辖市)海洋部门领导应参加会议并汇报各单位工作准备情况。

5.2.3 灾害预警发布

国家、海区和省(自治区、直辖市)海洋预报机构密切跟踪海浪灾害发生发展动态,组织开展灾害应急会商,滚动发布海浪灾害预警报。

海浪灾害Ⅲ级、Ⅳ级警报发布频次不低于每日 2 次,如预测未来海浪灾害情况与上一次预报出现明显差异时,应迅速加密预报,并及时调整灾害预警级别。

国家海洋环境预报中心和海区预报中心发布海浪灾害预警报,由其法定代表人或其授权人签发,通过相关公众媒体和各自网站向社会公众发布,并以传真形式向规定的对象发布。传真发往单位同 5.1。

国家海洋环境预报中心和海区预报中心应在发送海浪灾害预警报传真的同时,将预警报以手机短信形式发往相关单位事先确定的人员。

各省(自治区、直辖市)海洋部门根据当地政府灾害防御要求和实际需求,自行确定警报发送形式和发往单位。

5.2.4 灾害信息上报

国家海洋局值班室收到海浪灾害预警报信息后,应立即组织人员审核,按照局海洋灾害信息上报的有关规定进行格式转换,经局领导签批后,上报国务院应急办。

灾害信息上报工作完成后,国家海洋局值班室应当将值班信息纸质版送局应急办(局办公室综合业务处)、海洋预报减灾司各 1 份。

5.2.5 灾害应急观测

(1)海区分局和有观测能力的省级海洋部门组织观测单位 24 小时值班,海浪自动观测加密为 1 小时 1 次,海浪人工观测加密为 2 小时 1 次(观测时段为每日 6 时—18 时),确保海洋站和浮标观测数据的正常获取和实时传输。

(2)国家海洋环境预报中心和海区预报中心及时将收集的 GTS 资料、卫星遥感资料和通过其他渠道获得的海洋、气象观测资料,以及处理形成的预报产品向各级预报机构分发。

(3)国家卫星海洋应用中心应局海洋预报减灾司要求,提供海浪灾害发生期间的卫星遥感分析处理实时资料。

5.2.6 灾害应急速报

警报发布后每日 7 时—19 时,国家海洋环境预报中心和海区预报中心汇总分析各类资料,每6小时发布1期实况速报,通报海上最新实况。

各省(自治区、直辖市)海洋部门根据当地政府灾害防御要求和实际需求,自行确定速报发送形式和发往单位。

5.3 海浪灾害Ⅰ级、Ⅱ级应急响应

5.3.1 应急响应启动

预计负责预报海区将发生达到Ⅰ级或Ⅱ级应急响应启动标准的海浪灾害时,国家、海区和省(自治区、直辖市)海洋预报机构应至少提前12小时发布海浪灾害Ⅰ级警报(红色)或Ⅱ级警报(橙色)。

承担海浪灾害应急响应工作任务的部门和单位收到灾害警报后,立即启动相应级别的应急响应。

5.3.2 应急组织管理

海浪灾害Ⅰ级应急响应启动后,国家、海区和省(自治区、直辖市)海洋部门主管领导安排值班,国家海洋局视灾害发展动态,组织召开行政视频会商会,指挥协调海浪灾害应急响应和处置工作,海区和省(自治区、直辖市)海洋部门领导参会并汇报工作开展情况。

海浪灾害Ⅱ级应急响应启动后,国家海洋局预报减灾司和海区、省(自治区、直辖市)海洋部门领导安排值班,国家海洋局预报减灾司视灾害发展动态,组织召开行政视频会商会,指挥协调海浪灾害应急响应和处置工作,海区和省(自治区、直辖市)海洋部门领导参会并汇报工作开展情况。其他同5.2.2。

5.3.3 灾害预警发布

海浪灾害Ⅰ级警报发布频次不低于每日4次,海浪灾害Ⅱ级警报发布频次不低于每日3次,如预测未来海浪灾害情况与上一次预报出现明显差异时,应迅速加密预报,并及时调整灾害预警级别。其他同5.2.3。

5.3.4 灾害信息上报

同5.2.4。

5.3.5 灾害应急观测

海区分局和有观测能力的省级海洋部门组织观测单位实行24小时值班,海浪自动观测和人工观测都加密为1小时1次(人工观测时段为每日6时—18时),其他同5.2.5。

5.3.6 灾害应急速报

警报发布后,国家海洋环境预报中心和海区预报中心汇总分析各类资料,每3小时发布1期实况速报,通报海上最新实况。

各省(自治区、直辖市)海洋部门根据当地政府灾害防御要求和实际需求,自行确

定速报发送形式和发往单位。

5.4 海浪灾害应急响应结束

国家、海区和省(自治区、直辖市)海洋预报机构密切关注海浪灾害发展动态,当发现灾害影响已经降至最低启动标准之下时,发布海浪灾害警报解除通报。

国家海洋局值班室收到海浪灾害警报解除通报后,应立即组织人员做好海浪灾害警报解除通报的上报工作。其他同5.2.4。

承担海浪灾害应急响应工作任务的部门和单位收到灾害警报解除通报后,结束本次应急响应。

6 海啸灾害应急响应程序

国家海洋环境预报中心组织24小时值班,当接收到海底地震(西北太平洋0°~55°N,105°~150°E范围包括我国沿海、日本海、菲律宾海在内的所有海底地震,以及上述区域外的世界其他海域震级≥7.5级的海底地震)、海底火山爆发、海岸山体和海底滑坡等信息,或通过海洋站和浮标观测到海啸波时,立即开展分析,预测海啸对我国的影响程度。预计不会对我国造成海啸灾害时,国家海洋环境预报中心应发布相关消息,相关海区和省(自治区、直辖市)海洋预报机构给予转发,国家海洋局值班室及时上报国务院应急办。

预计负责预报海区将发生达到应急响应启动标准的海啸灾害时,针对海啸灾害应急响应级别,分别开展以下应急响应:

6.1 海啸灾害Ⅲ级、Ⅳ级应急响应

6.1.1 应急响应启动

预计负责预报海区将发生达到Ⅲ级或Ⅳ级应急响应启动标准的海啸灾害时,国家海洋环境预报中心应立即发布海啸灾害Ⅲ级警报(黄色)或Ⅳ级警报(蓝色),相关海区和省(自治区、直辖市)海洋预报机构给予转发。

国家、海区和省(自治区、直辖市)海洋预报机构发布海啸灾害警报,由其法定代表人或其授权人签发,通过相关公众媒体和各自网站向社会公众发布,并以传真形式向规定的对象发布。

国家海洋环境预报中心将海啸灾害警报发往国务院有关部门、军方有关单位,受海啸灾害影响的沿海省、自治区、直辖市、计划单列市人民政府,相关涉海中央直属企业,受海啸灾害影响的海区和省级海洋预报机构。当海啸灾害危及中国台湾地区、中国香港地区、中国澳门地区时,同时发国家海洋局国际合作司。视情况可增加发送单位。

海区预报中心将海啸灾害警报转发至所属海区分局、国家海洋局海洋预报减灾司,海区舰队司令部,受海啸灾害影响的沿海省、自治区、直辖市、计划单列市和地级市人民政府,海区内的涉海中央直属企业,国家海洋环境预报中心和本海区的地方各级海洋预报机构(具体名单由海区分局确定)。视情况可增加发送单位。

国家海洋环境预报中心和海区预报中心应在发送海啸灾害警报传真的同时,将海啸灾害警报以手机短信形式发往相关单位事先确定的人员。

各省(自治区、直辖市)海洋部门根据当地政府灾害防御要求和实际需求,自行确定警报发送形式和发往单位。

承担海啸灾害应急响应工作任务的部门和单位收到灾害警报后,立即启动相应级别的应急响应。

6.1.2 应急组织管理

海啸灾害Ⅲ级、Ⅳ级应急响应启动后,国家、海区和省(自治区、直辖市)海洋部门业务司(处)人员应立即赶到预报工作现场,协调海啸灾害应急响应和处置工作。

国家、海区和省(自治区、直辖市)海洋预报机构领导也应立即赶到预报工作现场,组织海啸灾害预警工作,及时向海洋部门报告海啸灾害动态和应急工作情况。

6.1.3 灾害预警发布

海啸灾害Ⅲ级、Ⅳ级应急响应启动后,国家、海区和省(自治区、直辖市)海洋预报机构应密切跟踪灾害发生发展动态,随时发布新的海啸灾害预警信息(含海啸灾害实况)。发往单位同 6.1.1。

6.1.4 灾害信息上报

国家海洋局值班室收到海啸灾害警报信息后,应立即通过电话向分管局领导和国务院应急办报告,同时组织人员按照局海洋灾害信息上报的有关规定进行格式转换,经局领导同意(可电话沟通)后,上报国务院应急办。

6.1.5 灾害应急观测

国家海洋环境预报中心与中国地震台网中心保持信息畅通,及时获取引发海啸的地震震源经纬度、震级、深度等相关信息;与太平洋海啸警报中心、日本海啸信息中心保持信息畅通,及时获取海啸预警信息。

海区分局和有观测能力的省级海洋部门组织观测单位实行 24 小时值班,做好海啸波观测工作。如预测海啸波将对海洋站造成破坏性影响时,应尽快组织海洋站人员撤离。

6.1.6 港澳台合作

预计海啸灾害将影响港澳台地区时,局国际合作司(港澳台办公室)立即联络国务院港澳办和台办,通知港澳台相关部门共同做好海啸灾害应对工作。

6.2 海啸灾害Ⅰ级、Ⅱ级应急响应

6.2.1 应急响应启动

预计负责预报海区将发生达到Ⅰ级或Ⅱ级应急响应启动标准的海啸灾害时,国家海洋环境预报中心应立即发布海啸灾害Ⅰ级警报(红色)或Ⅱ级警报(橙色),相关海区和省(自治区、直辖市)海洋预报机构给予转发。

承担海啸灾害应急响应工作任务的部门和单位收到灾害警报后,立即启动相应级别的应急响应。

6.2.2 应急组织管理

海啸灾害Ⅰ级应急响应启动后,国家、海区和省(自治区、直辖市)海洋部门领导应立即赶到预报工作现场,指挥协调海啸灾害应急响应和处置工作。

海啸灾害Ⅱ级应急响应启动后,国家海洋局业务司领导和海区、省(自治区、直辖市)海洋部门领导应立即赶到预报工作现场,指挥协调海啸灾害应急响应和处置工作。

事态严重时,由国家海洋局报请国务院启动国家应对特别重大突发事件应对程序。

其他同6.1.2。

6.2.3 灾害预警发布

同6.1.3。

6.2.4 灾害信息上报

同6.1.4。

6.2.5 灾害应急观测

同6.1.5。

6.2.6 港澳台合作

同6.1.6。

6.3 海啸灾害应急响应结束

国家海洋环境预报中心密切关注海啸灾害发展动态,当发现灾害影响已经降至最低启动标准之下时,发布海啸灾害警报解除通报,相关海区和省(自治区、直辖市)海洋预报机构给予转发。

国家海洋局值班室收到海啸灾害警报解除通报后,应立即组织人员做好海啸灾害警报解除通报的上报工作。

承担海啸灾害应急响应工作任务的部门和单位收到灾害警报解除通报后,结束本次应急响应。

7 海冰灾害应急响应程序

国家海洋环境预报中心、北海预报中心,以及辽宁、河北、天津和山东等省(直辖市)海洋预报机构根据各类海洋、气象观测数据,当预计负责预报海区将发生达到海冰灾害应急响应启动标准的海冰灾害时,发布海冰灾害警报。

承担海冰灾害应急响应工作任务的部门和单位收到灾害警报后,立即启动应急响应。

7.1 海冰灾害应急响应

7.1.1 应急组织管理

海冰灾害应急响应启动后,国家、海区和省(直辖市)海洋部门业务司(处)人员应安排值班,每日至少参加 1 次灾害预警应急会商,协调海冰灾害应急响应和处置工作。

国家、海区和省(直辖市)海洋预报机构领导到预报工作现场组织开展海冰灾害预警工作,预报人员进行 24 小时值班,及时向海洋部门报告海冰灾害动态和应急工作情况。

7.1.2 灾害预警发布

海冰灾害应急响应启动后,国家、海区和省(直辖市)海洋预报机构应组织 24 小时值班,密切跟踪灾害发生发展动态,组织开展灾害应急会商,每日发布 1 次海冰灾害警报(含最新海冰灾害实况)。如预测未来海冰灾害情况与上一次预报出现明显差异时,应迅速加密预报。

国家、海区和省(直辖市)海洋预报机构发布海冰灾害警报,由其法定代表人或其授权人签发,通过相关公众媒体和各自网站向社会公众发布,并以传真形式向规定的对象发布。

国家海洋环境预报中心将海冰灾害警报发往国务院有关部门、军方有关单位,受海冰灾害影响的沿海省、自治区、直辖市、计划单列市人民政府,相关涉海中央直属企业,受海冰灾害影响的海区和省级海洋预报机构。视情况可增加发送单位。

北海预报中心将海冰灾害警报发往北海分局、国家海洋局海洋预报减灾司,北海舰队司令部,受海冰灾害影响的海区内沿海省、直辖市、计划单列市和地级市人民政府,海区内的涉海中央直属企业,国家海洋环境预报中心和北海区的地方各级海洋预报机构(具体名单由北海分局确定)。视情况可增加发送单位。

国家海洋环境预报中心和北海预报中心应在发送海冰灾害警报传真的同时,将警报以手机短信形式发往相关单位事先确定的人员。

各省(直辖市)海洋部门根据当地政府灾害防御要求和实际需求,自行确定警报发送形式和发往单位。

7.1.3 灾害信息上报

国家海洋局值班室收到海冰灾害警报后,应立即组织人员审核,按照局海洋灾害信息上报的有关规定进行格式转换,经局领导签批后,上报国务院应急办。

灾害信息上报工作完成后,国家海洋局值班室应当将值班信息纸质版送局应急办(局办公室综合业务处)、海洋预报减灾司各 1 份。

7.1.4 灾害应急观测

(1)北海分局针对海冰灾害发生区域开展应急海冰航测,获取冰区位置、外缘线位置、冰区面积、冰型、冰密集度等观测数据,在飞机降落后 12 小时内以电子邮件形式发送国家海洋环境预报中心、北海预报中心、环渤海和黄海北部的省、地、县级海洋预报机构。

(2)国家海洋环境监测中心利用鲅鱼圈岸基测冰雷达站,对鲅鱼圈邻近海域海冰进行连续观测,获取冰区位置、外缘线位置、厚度、运动状态等数据,经数值化处理和编绘后,以电子邮件形式发送国家海洋环境预报中心、国家卫星海洋应用中心、北海预报中心、环渤海和黄海北部的省、地、县级海洋预报机构。

(3)国家卫星海洋应用中心负责提供海冰灾害发生期间的卫星遥感分析处理实时资料。

7.2 海冰灾害应急响应结束

国家、海区和省(直辖市)海洋预报机构密切关注海冰灾害发展动态,当发现灾害影响已经降至最低启动标准之下时,发布海冰灾害警报解除通报。

国家海洋局值班室收到海冰灾害警报解除通报后,应立即组织人员做好灾害警报解除通报的上报工作。其他同 7.1.3。

承担海冰灾害应急响应工作任务的部门和单位收到灾害警报解除通报后,结束本次应急响应。

8 灾后调查与总结

8.1 灾害调查评估

8.1.1 特别重大风暴潮、海浪、海啸和海冰灾害调查评估

特别重大风暴潮、海浪、海啸和海冰灾害结束后,由国家海洋局组织对海洋灾害及其造成的损失进行全面调查和评估。调查内容包括灾害过程自然变异、受灾状况、危害程度、救灾行动、减灾效果、经验教训等。灾害综合调查评估报告应在灾害过程结束后 20 个工作日内完成。

8.1.2 重大(含)以下风暴潮、海浪、海啸和海冰灾害调查评估

重大(含)以下风暴潮、海浪、海啸和海冰灾害结束后,由沿海省(自治区、直辖市)海洋部门组织对海洋灾害及其造成的损失进行调查和评估。调查内容包括灾害过程自然变异、受灾状况、危害程度、救灾行动、减灾效果、经验教训等。灾害综合调查评估报告应在灾害过程结束后 15 个工作日内完成,报国家海洋局备案。

8.2 灾害应对工作总结

风暴潮、海浪、海啸、海冰灾害应急响应结束后,参与灾害应急响应的各省(自治区、直辖市)海洋部门和国家海洋局所属各单位立即开展灾害应对工作总结,回顾本次灾害应急管理和观测预警服务工作情况,于 48 个小时内将工作总结报国家海洋局。

9 保障措施

9.1 观测预警系统建设保障

9.1.1 风暴潮、海浪和海冰灾害观测预警系统

国家海洋局组织沿海各省（自治区、直辖市）海洋部门建设海洋观测业务系统，利用海洋站、浮标、雷达、卫星等多种手段，开展风暴潮、海浪和海冰灾害观测，并建立观测预报业务系统实时数据传输网，确保灾害观测信息传输畅通；大力推进风暴潮、海浪和海冰观测能力建设，从海洋台站、调查船等常规观测方式，向多平台、全方位、全天候立体观测发展，着力开展观测布局设计，提高资料综合获取能力，保障资料获取的时效和精度。

国家海洋局组织沿海各省（自治区、直辖市）海洋部门建立海洋预报机构，不断完善风暴潮、海浪和海冰灾害预警报业务系统，逐步建立方便、高效、快捷的业务平台，进一步提高防灾减灾决策服务能力。

9.1.2 海啸观测预警系统

国家海洋局组织建设我国的海啸观测和预警系统，在我国周边海域布设海啸观测浮标，在远离大陆的海岛建设海啸观测站，建立高速海啸监视、观测信息实时传输网络，实现对海啸灾害的有效观测；建立健全与太平洋海啸警报中心、日本海啸信息中心的预警信息实时接收系统，与中国地震局协商建立地震观测信息传输系统，及时获取海底地震信息。建立适合于我国海域的业务化海啸预警报模式和预报系统，实现对海啸灾害的快速准确预警。

9.1.3 灾害警报信息分发系统

国家海洋局组织沿海各省（自治区、直辖市）海洋部门建立并不断完善风暴潮、海浪、海啸和海冰灾害警报信息分发系统，在传统的传真、电话方式外，积极采用手机短信、彩信、网站、卫星、电子邮件等新型手段分发灾害预警、灾情和防灾减灾信息。

9.2 技术保障

国家海洋局积极指导、协调沿海各省（自治区、直辖市）海洋部门开展各类海洋灾害的风险评估和灾害区划工作，制作高风险区风暴潮、海啸灾害应急疏散图，编制风暴潮、海浪、海啸和海冰灾害防御行动指南，并提供给当地政府和防汛指挥部门，为确定疏散路线、防御决策提供科学依据。

国家海洋局组织沿海各省（自治区、直辖市）海洋部门定期（每隔3～5年）开展沿海警戒潮位标准核定。

9.3 经费保障

国家海洋局和沿海各省（自治区、直辖市）海洋部门应当保证风暴潮、海浪、海啸和海冰灾害应急响应所需经费，将其纳入年度财政预算管理。

9.4 宣传和培训

利用互联网、电视、广播、报纸等新闻媒体持续开展风暴潮、海浪、海啸和海冰灾害及防灾减灾知识宣传,定期组织宣传队伍深入学校、社区、企业,推进海洋防灾减灾知识宣传进乡村、进企业、进社区,增强全民的防灾减灾意识和避险自救能力。

国家海洋局根据实际工作需要,定期开展不同层次、不同范围的海洋灾害应急管理和观测预警技术培训。

9.5 国际合作与交流

加强国际与地区间在风暴潮、海浪、海啸和海冰灾害信息交流与预警报方面的技术合作研究,发挥我国在国际组织中的成员国作用。

国家海洋局重点推动建立南中国海海啸预警系统,带动提升南中国海周边国家海啸观测预警能力,为南中国海地区提供统一的海啸预警服务。

10 附则

10.1 术语

10.1.1 风暴潮灾害

由热带气旋、温带气旋、海上飑线等灾害性天气过境所伴随的强风和气压骤变而引起局部海面振荡或非周期性异常升高(降低)现象,称为风暴潮。风暴潮、天文潮和近岸海浪结合引起的沿岸涨水造成的灾害,称为风暴潮灾害。

10.1.2 海浪灾害

海浪是海洋中由风产生的波浪,包括风浪及其演变而成的涌浪。因海浪引起的船只损坏和沉没、航道淤积、海洋石油生产设施和海岸工程损毁、海水养殖业受损等和人员伤亡,称为海浪灾害。

10.1.3 海啸灾害

海啸是由海底地震、海底火山爆发、海岸山体和海底滑坡等产生的特大海洋长波,在大洋中具有超大波长,但在岸边浅水区时,波高陡涨,骤然形成水墙,来势凶猛,严重时高达20～30米以上。海啸灾害指特大海洋长波袭击海上和海岸地带所造成的灾害。

10.1.4 海冰灾害

海冰是由海水冻结而成的咸水冰,其中包括流入海洋的河冰和冰山等。海冰对海上交通运输、生产作业、海上设施及海岸工程等所造成的严重影响和损害,称为海冰灾害。

10.1.5 有代表性的验潮站

有代表性的验潮站是指站址设置科学合理、观测仪器符合国家标准、观测规程符合国家规范、观测数据具有连续性和长期性的验潮站。

10.2 预案管理

10.2.1 国家海洋局根据应急管理工作需要,对《风暴潮、海浪、海啸和海冰灾害应急预案》及时修订发布,并报国务院应急办备案。

10.2.2 国家海洋局各分局和国家海洋环境预报中心根据本预案,制定具体工作制度和流程,明确职责,建立岗位责任制。沿海各省(自治区、直辖市)海洋行政主管部门参照本预案,组织制定本省(自治区、直辖市)的海洋灾害应急预案。

10.2.3 对在海洋灾害观测预警报工作中做出突出贡献的单位和个人予以表彰。未按应急预案开展工作,造成重大损失的,对直接负责的主管人员和其他直接责任人给予行政处分;构成犯罪的,依法追究刑事责任。

10.2.4 海洋环境观测预警报工作现行规章制度与本预案相违背的,以本预案为准。

10.2.5 本预案由国家海洋局制定并负责解释。

10.2.6 本预案自发布之日起实施。

?　思考题

1.以某一典型海岸带灾害为例,说明"一案三制"的意义。

2.根据当地实际情况,编制一份以某一单位或某一区域为对象的应急预案。

第五章

海岸带灾害应急资源管理

【本章要点】

1.应急资源的含义、构成及内容

2.应急资源储备的构成及作用

3.应急资源调度的含义、约束条件

4.应急资源征用的基本概念与征用的具体规定

5.应急疏散的方法与避难场所规划的基本内容及程序

6.不同阶段的防灾减灾对于资金的不同需求

7.灾害保险的作用

由于海岸带灾害的潜在危害性,需要在限定的时间内处理完毕,否则事件的影响和造成的损失就会有扩大的趋势,这就需要迅速组织所需的多种资源来应对。应急资源管理包括应急资源的内容与布局等。

第一节　应急资源

应急资源是应对特定灾害所必须准备的各种资源的总称,是应急管理预防与监测预警、处置与救援、恢复与重建等过程中所需要的各种保障的综合。其目的是保障应急处置的顺利进行,维护人们正常生产和生活。

应急资源保障是在常规状态下围绕应对特定灾害必需的各种资源,同时需要从体制、机制以及行为层面展开的计划、组织、指挥协调与控制活动。应急资源保障是应急管理系统中的一个重要组成部分,包括临时协调、"特事特办"等工作规范。

一、应急资源构成

应急资源主要包括救援类资源、基本生活保障类资源、医疗资源等内容,具体包括:

(1)人力资源保障。包括政府、军警、企事业单位、公益团体和志愿者队伍、专家顾问和专业及预备役人员等。他们在应急社会动员条件、范围、程序和必要的保障制度等下,各自分工,进行灾害救援与重建。

(2)财力保障。应急经费来源、使用范围、数量和管理监督措施,包括应急状态时政府经费的保障措施。资金的来源主要是政府财政拨款、社会捐助、银行贷款和商业保险等。

(3)物资保障。包括物资调拨和组织生产方案。根据具体情况和需要,明确具体的物资储备、生产及加工能力储备、生产流程的技术方案储备。国家发展改革委编制并发布了《应急保障重点物资分类目录(2015年)》(以下简称《分类目录(2015年)》),按照结构清晰、易于扩展、方便实用的原则,将应急保障重点物资分为四个层级。第一层级主要体现应急保障工作的重点,分为现场管理与保障、生命救援与生活救助、工程抢险与专业处置3个大类;第二层级将保障重点按照不同的应急任务进一步分解为16个中类;第三层级将为完成特定任务涉及的主要作业方式或物资功能细分为65个小类;第四层级针对每一个小类提出了若干种重点应急物资名称,体现了各类作业所需的工具、材料、装备、用品等支撑条件。《目录》构建了以"目标—任务—作业分工—保障物资"为主线分层次的物资分类方法,体现了对应急保障工作的探索和创新。

(4)通信保障。建立通信系统维护和信息采集等制度,确保应急期间通信畅通,包括参与应急处置各部门(单位)的通信方式和确保应急期间现场指挥的通信方案。

(5)交通运输保障。包括各类交通运输工具数量、分布、功能、使用状态等信息,驾驶员的应急准备措施,征用单位的启用方案,交通管制方案和线路规划等。

(6)医疗卫生保障。包括医疗救治资源分布、救治能力与专长、卫生疾控机构能力与分布、各单位的应急准备保障措施、被调用方案等。

(7)人员防护。制定应急避险、人员疏散及救援人员安全措施等,规划和建立基本满足受灾人员需求的避难场所。

(8)技术装备保障。包括技术系统及储备,应急设施设备,事发现场可供使用的应急设备类型、数量、性能和位置,备用措施以及相应的制度等。

(9)治安维护。制定应急状态下治安秩序的各项准备方案,包括警力培训、布局、调度和工作方案等。

根据《应急产业重点产品和服务指导目录(2015)》,海岸带灾害应急管理涉及的产品包括监测预警产品、防护产品(个人防护与设备设施防护)、救援处置产品(现场保障、生命救护和抢险救援)、应急服务产品等,主要防灾救灾产品清单如表5-1所示。

表 5-1　海岸带灾害防灾救灾物品清单

第二层级	第三层级	第四层级
监测预警产品	地震灾害监测预警系统	地震台站、台网和流动地震观测系统及仪器设备,流动预警系统,MEMS地震烈度仪等。
	海洋灾害监测预警系统	绿潮灾害预警监测仪器,赤潮灾害预警监测仪器,海啸灾害预警监测仪器。
	气象灾害监测预警系统	对地遥感观测卫星等灾害天气监测装备,移动应急气象观测系统,应急探测火箭系统,气象灾害预警发布系统等。
	交通安全监测预警产品	道路交通信息监测预警设备,交通基础设施(含公路、桥梁、隧道、交通工程等)安全状态监测预警设备,交通基础设施工程建设安全监测预警设备等。
	环境应急监测预警产品	水环境污染应急监测预警技术与产品,土壤环境污染应急监测预警技术与产品,海上溢油快速监测鉴定仪器,水上溢油监视雷达、码头溢油报警装备等。
	城市公共安全监测预警系统	城市公共安全监测预警和信息发布传播平台,城市公共交通安全运行监测设备及应急反应管理系统,超高层建筑安全物联网监测与应急救援系统,地下管网安全运行监测设备,水库水电站大坝监测预警系统,机场、车站、广场人员信息采集系统。
	网络与信息系统安全监测预警产品	高性能防火墙、高性能统一威胁管理系统(UTM)、入侵检测系统(IDS)、高性能入侵防御系统(IPS)、高性能安全隔离与信息交换系统、网络病毒监控系统(VDS)、网络漏洞扫描和补丁管理产品等重要信息系统安全监测预警产品。
防护产品	应急救援人员防护产品	灾害事故现场定位、图侦、通信、呼吸、生命体征监控等数字化消防单兵装备,高效智能消防员呼吸防护装备,水域救援装备,灭火防护装备,化学防护装备,自动苏生器,电动送风式正压防护系统,病毒防护/隔离服,避火服、隔热服等隔热、阻燃、防毒、绝缘、防静电、防尘、防砸、防穿刺防护产品,防油、防水、防火纺织材料等。
	重要基础设施安全防护产品	工程建设新型安全防护产品,雷电灾害新型防护产品,油库自动化连锁保护系统,防震避险装置,防汛堤坝用混凝土防渗墙施工装备,建筑工程减隔震装置等。
救援处置产品	应急指挥产品	应急指挥调度系统:基于北斗指挥调度平台,无线应急多媒体指挥决策系统,应急指挥多源遥感影像应用服务平台等。
	应急通信产品	卫星应急通信系统:基于海事卫星网络的卫星电话终端,移动卫星通信产品(动中通),利用卫星定位系统的便携式无线电定位设备,Ka/S复合卫星移动通信多媒体终端等区域应急通信系统,短波应急通信系统,小型化、智能化以及区域空中应急通信系统,单兵及小组任务平台,大型通信指挥车,具有快速部署能力的无线电集群通信设备等。
	应急电源	应急发电设备:便携式应急发电设备,大容量应急发电车(2 000千瓦、1 000千瓦),集装箱式柴油应急电站,移动电池系统应急电源,移动供电设备等。

续表

第二层级	第三层级	第四层级
救援处置产品	应急后勤保障产品	自行式炊事车,多功能集成式充气、发电、照明车,救援宿营车,移动式应急照明系统及产品,利用新能源或传统能源的节能型发电,应急安置房屋,易拆装保温篷房等。
	安全饮水设备	组合式一体化净水器(处理量100～2 500吨/小时),移动式应急生活供水系统等。
	生命探测装备	生命探测仪、应急搜索机器人等高效应急救援产品,侦检、破拆、掘进、支护、救生、堵漏、洗消、输转、照明、排烟等设备,高楼应急救生缓降装置,应急救援机器人等。
	医疗应急救治	防控突发公共卫生和生物事件疫苗和药品,动物疫病新型诊断试剂、疫苗,生命支持—治疗—监护一体化急救与后送平台、卫生应急保障(消毒供应装备、救援医疗物资供应产品)。
	工程抢险	疏浚船舶,快速水深测量设备,长臂挖掘机,应急高空作业车,大型破拆装备,应急救援多功能工程车等。
	海上溢油及有毒有害物质泄漏	溢油应急救援技术与产品:高分子吸附技术与材料、浮油回收技术与装置,船舶水上溢油应急处置装备,聚丙烯、聚酯等高吸油非织造产品,自动充气式围油栏,自动布放式储油囊,高分子吸油及水面溢油清理配套装备,FOA睡眠浮油凝集剂等。
	道路应急抢通	应急机动舟桥,柔性可快速铺设土工纺织合成材料应急路面及铺设车,道路、桥梁、港口、机场等基础设施恢复、修复装备,隧道救援车,架桥机等。
	航空应急救援	特种飞机和直升机及灭火、喷洒、吊挂、精确定位等航空器救援专用任务设备,探测、灭火、救援、医疗等航空应急救援装备,应急物资投放伞具和托盘器材。
	水域应急救援	漂浮物应急打捞清理设备,无线电装置(含搜索雷达应答器、应急无线电示位标),恶劣海况下救生设备,救生/救助玻璃钢专用艇,大深度沉船中油品、危品品抽吸清除设备,潜水员作业用抗危化品潜水服,沉船打捞用水下开孔、堵漏设备,远洋深海探测搜寻及打捞设备,海上救援系统液压控制升降系统,应急排涝设施设备,人工影像天气作业系统等。
	环境事件应急处置	有毒有害液体快速吸纳处理技术装备,移动式医疗垃圾快速处理装置,移动式小型垃圾清洁处理装备,人畜粪便无害化快速处理装置,禽类病原体无害化快速处理装置,生态清淤装备及淤泥无害化处置一体化技术,高稳定性聚维酮碘消毒剂(粉剂＋溶液),活性炭,漂白水/漂渍液消毒剂。

续表

第二层级	第三层级	第四层级
应急服务产品	预防服务	风险评估服务。
		隐患排查服务、水利工程险情探测排查、消防安全服务。
		应急案例库管理系统,应急物资管理系统,突发事件情景构建系统,应急模拟演练系统等。
	社会服务	网络与信息安全服务,数据恢复和灾备服务,信息安全防护、网络安全应急支援服务,云计算安全服务、信息安全风险评估与咨询服务,灾害保险、北斗导航应急服务,测绘保障服务,灾害现场信息快速获取,各类专题地图编制及影像解译与灾情分析评估,应急地理信息指挥决策平台等。

二、应急资源储备

应急资源储备的多寡以及应急资源的储备结构是否合理都直接影响应急工作的成败。《中华人民共和国突发事件应对》第三十二条规定:"国家建立健全应急物资储备保障制度,完善重要应急物资的监管、生产、储备、调拨和紧急配送体系。设区的市级以上人民政府和灾害易发、多发地区的县级人民政府应当建立应急救援物资、生活必需品和应急处置装备的储备制度。"《国家突发公共事件总体应急预案》也分别对人力、财力和物力等资源做了详细规定。

应急物资储备主要包括政府、市场(流通)、企业、家庭以及非政府组织等所储备的应急物资。家庭是社区的基本组成单位,是受各种灾害影响的主要群体和灾后急需援助的对象。以家庭为单位进行必要的家庭应急物资储备,可以在外部救援物资送抵前,为家庭成员的自救互救和逃生提供必要的物资保障。

《国家突发事件应急体系建设"十三五"规划》指出,在完善应急物资保障体系方面的目标是"完善中央、地方救灾物资储备库体系,加快形成国家、省、市、县四级救灾物资储备网络;加强地震应急救援专业装备物资等应急物资保障能力建设。建立健全城市应急物资储备标准,加强城市防洪、排水防涝、生命线系统抢修、应急供水、生活保障等应急物资和装备储备,结合各地风险和灾情特点,补充储备品种、增加储备数量。"

三、应急资源调度

资源调度在应急管理中是一个实施过程,就是把资源组织起来,把一定数量的资源,在限定的时间集结到特定的地点。这里的资源并不只是局限于物资资源,还包括各种相关的社会资源、环境资源及人力资源。有效的布局会有助于资源的调度,并且在资源的调度中,还要考虑资源的协调。由于突发事件应急管理所需资源可能来自多个领域,这些资源的组织协调工作显得十分重要。各方面组织协调工作的好坏,会影响到资源的使用效率和对灾害处置的成功程度。

配置资源时,要考虑资源的一些约束条件,如运输时间、运输成本、资源的综合成本等。然后将一定种类和数量的资源放置在选定的最佳区域,使其发挥最大的效益。

应急管理中的资源调度以时间最短为首要原则,这是由灾害发生的特点所决定的。对社会资源的整合与协作以及灾害的救助工作与全社会息息相关,它不是一个部门或一个机构的任务,而是全社会的共同责任。同时,救援资源的调配不是单阶段的工作,需要根据救援情况变化和前一阶段的效果,动态地多阶段调度资源,直至完全消除灾害。因此,应急管理的资源调配是一个动态的多阶段过程。

四、应急资源征用

应急资源征用,是指县级以上人民政府为应对灾害件应急需要,依法征用公民、法人和其他组织财产,因财产被征用或者征用后毁损、灭失,按照评估或者参照征用时价值依法给予的补偿。

宪法以及《中华人民共和国物权法》第四十四条对征用和补偿做出了原则性的规定,明确了国家在法定情形下,以维护公共利益为出发点,可以对公民财产权予以限制、剥夺,但应当给予补偿;《突发事件应对法》第十二条从"征用主体,征用对象,征用条件以及返还、补偿"等方面对应急资源征用作了相对具体的规定。

此外,不少应急预案对政府应急资源征用进行了较为详细的规定,具体明确了应急资源征用的启动程序、规范了应急资源征用物资储备与管理,细化了应急补偿标准和程序,落实了应急补偿经费,既保障了征用单位、征用实施单位的职责和义务,明确了应急征用的强制性,同时也保障了被征用单位和个人的权益,为应急征用工作规范有序健康发展提供了制度保障。

第二节　应急疏散与避难设施规划

一、应急疏散

应急处置时一个重要的环节是紧急疏散任务。常用的疏散方式主要有自主疏散和引导疏散。自主疏散是指灾害发生后民众自发逃离灾害发生的行为。这种行为应该尽量少采用,因为人们的自主行动即无序行动,可能导致交通拥堵,从而延迟整体疏散进程,无法实现快速到达避难场所的目的,甚至可能因为无序而引发踩踏等次生灾害事件。

引导疏散是指管理部门采用数学建模和计算机仿真相结合,根据待疏散人群的分布差异和实际道路情况,构建灾害应急疏散模型,按照一定的次序引导疏散人群。首先,基于疏散人群与避难场所的位置关系对疏散人群进行分组,确定单个疏散组需要疏散的避难所,然后规定疏散队列遵循先进先出的原则,针对产生冲突的疏散路线进行调整,从而实现快速、有序到达避难场所。

疏散的有序与否不仅与疏散设施有关,还与科学的疏散方法和技术有关。紧急情况下的人员疏散方法和技术主要包括人员引导疏散、指示灯引导疏散、广播系统引导疏散以及基于 GIS 技术的应急疏散技术。

人员引导疏散是指灾害发生时,由对特定建筑物内部结构和疏散通道非常熟悉的工作人员对疏散人加以引导的疏散方法。该方法能够充分减小疏散人员的惊慌和混乱,保证被困人员迅速而有序地撤离事故现场,提高疏散效率,减轻灾害损失。

指示灯引导疏散是指利用新型的应急疏散指示灯引导系统结合现代通信技术所进行的人员疏散方。该方法适用于大型的生产和生活场所的疏散逃生,利用指示灯指引安全的逃生方向,可以有效地避开烟、火灾及障碍物。

广播系统引导疏散是在建筑物内供电中断、无照明、烟雾弥漫等情况下,疏散人员不知道该如何逃生。这时可以采用公共广播系统为疏散人员提供语音指引,及时告知事故区域内的人群事实真相,告知他们雾、火灾及障碍物,应该如何应对并指出最佳疏散路线。

基于 GIS 技术的应急疏散是灾害发生后,根据全局最优化原则,确定最佳疏散策略。以 GIS 作为平台,利用 GIS 管理数据和可视化输出,使应急疏散系统更加便捷有效。

二、应急避难场所规划

资源的布局是为了有效应对灾害,预先把恰当数量和种类的资源,按照合理的方式,放置在合适的地方。应急避难场所作为重要的资源,由于其场地的不可移动性和安全需求,其规划更为重要。应急避难场所是指在预警信息发布或灾害发生后,城镇居民躲避灾难、临时生活和暂时避险的场所。一般建设在具有一定规模的平坦空旷地上,如公园、公共绿地、广场、体育运动场等;设有各类应急功能区,配套相应应急救助设施,储备应急物资。根据其用途,应急避难场所分为紧急避难疏散场所、固定避难疏散场所、中心避难疏散场所、防灾据点、防灾公园、指定避难所等。

避难所的功能包括三个方面:

(1)确保安全,提供水、食料、生活物资,提供生活场所;

(2)确保健康,提供厕所等卫生的环境;

(3)提供、交换、收集信息,满足群众的基本生活需求。

根据避难场所规划原则,城市应该建设紧急、固定、中心三级避难场所服务体系。城市可按照行政边界划分不同尺度的防灾单元,在每个防灾单元中应配置相应等级的避难场所。一般而言,每个市级防灾单元应配置多个中心等级避难场所,每个区县级防灾单元至少应配置一个中心避难场所和多个固定避难场所,每个乡镇或街道级防灾单元至少应配置一个固定避难场所和多个紧急避难场所。通常要求应急避难所选择在道路畅通、疏散便捷、无次生灾害威胁的地域建设。

避难场所规划基本内容和程序包括:

(1)背景资料调研。

(2)灾害资料调研。

(3)风险源调查。

(4)城市(区域)基础资料调研。城市各类规划资料,人口分布及人口流动特征,城市各类基础设施布设、人防布设等基础分布。

(5)防灾区划。确定影响该区域的重要灾害种类;根据城市的灾害危害程度、影响范围和人口特征、城市功能分区、以及行政区划边界对城市防灾区域进行规划。

(6)避难场所规划指标的确定。根据国家或地方标准,借鉴国外的经验,根据该城市的人口密度和实际可用作避难场所的面积等资料。

(7)避难场所总体规划和布局。确定避难场所选址和布局,分类、分级规划避难场所,规划应急通道。

(8)绘制避难疏散场所分布图。由于每个避难所容量有限,有时指定居民到最近的避难所并不妥当。因此,一个预先划定的疏散图,应该明确标出各避难疏散场所的具体位置、服务范围、避难行动路线图、邻近各避难疏散场所的交通联系。

(9)应急避难场所的分区规划。根据防灾分区的结果,以及每个防灾分区的灾害特征、人口密度、可用作避难场所的土地现状,确定每个避难场所的防灾单元。

(10)对避难场所内部进行规划。如对固定避难场所、应急指挥部、应急饮水装置、应急供电、监控、通信系统、简易厕所、医疗救助设施、消防设施、应急物资仓储等设施。

(11)规划城市应急避难支撑系统。包括应急指挥系统、生命线工程、应急抢险救援系统、仓储运输系统。

(12)制定实施保障措施。确定组织实施、资金来源、建设维护、物质储备、规划管理、监管监督、宣传教育等负责单位。

(13)制定避难的宣传教育与避难演习计划,使居民知道避难场所、避难道路以及避难场所的主要功能和相关的规章制度。

(14)制定开放和关闭准则及相应的措施。

在平灾结合与一所多用的原则下,应急避险场所应是具有多功能的综合体,平时可作为居民休闲、娱乐、健身或防灾培训的活动场所,发生重大灾害时作为避险使用。

灾害避险场所要实行谁投资建设、谁负责维护管理的原则。地方政府统一规划修建的避险场所通常由民政和民防部门负责管理或授权由所在社区或企事业单位代管,按要求设置各种设施设备,划定各类功能区并设置标志牌,建立健全场所维护管理制度。

当地政府与灾害管理部门针对不同灾种的避险场所编制应急预案,明确指挥机构,划定疏散位置,编制使用手册与功能区划分布图并向社会公示。应急避险场所应在入口处及附近地段设置统一、规范的标志牌,提示应急避险场所的方位及距离、功能区划详细说明、各类应急设施的分布等。避险场所的储备物资要有专人管理,建立台账,定期更新。

第三节　灾害保险

资金是保证整个应急管理系统正常运行的必备条件,救援、安置、救助、恢复重建等都需要大规模的资金投入,所以除了政府资金外,社会捐助与商业保险都是有必要的补充。

一、防灾减灾的资金需求

根据灾害发生的不同阶段,对资金的需求不同,其保障来源也有所不同。首先在灾害响应阶段,资金用来购买事件控制和人员救援所需的机械设备、消耗物资以及救援人员的基本生活物资,同时购买救治伤病员所需的医疗设备和药品。由于救援工作事关生命安全和灾害控制,时间紧迫,因此必须优先保障。救援资金主要是在早期投入,因而其来源主要是财政资金和部分自筹资金,后续的救援资金部分来源于社会捐助资金以及银行救援贷款等。同时在这一阶段,还需要进行受灾人员临时安置,购买受灾人员生活所需的食品、衣物和临时住所等物资,满足受灾人员的基本生活需要。受灾安置所需物资除部分来源于储备和捐赠外,其余物资需要购买,特别是对于重大台风等重大自然灾害,由于其受灾人数多、恢复重建时间长,因而安置资金的需求量很大。但安置资金相对于救援资金而言其紧迫性小一些,安置资金的需求具有一定的弹性,安置资金的缺失可能会影响安置条件的好坏,但不会影响到生命的安全,因此应急资金的分配应先保证救援,后满足安置需要。

在恢复阶段,需要保证临时安置结束以后失去生活来源的人员的基本生活救助。这种临时性的救助性质的资金安排,虽然在灾后基本恢复常态,救助就会转入民政系统日常救助体系。但是在此之前,由于救助资金需求时间一般比救援资金和安置资金长,需要通过一定的政府补贴和社会捐赠实现。

在恢复早期阶段,主要包括后续衍生事件的控制、基础设施修复、救助困难人员的生活以及简单恢复生产等工作,这里的基础设施、生活设施和生产设施的恢复主要是简单的修复即可使用的部分,不包括需要重建的部分。因而快速恢复资金主要用于恢复基本社会秩序,修复交通、水、电、通信、供暖等公共基础设施,为失去家园的民众提供基本生活条件等,同时为开展生产自救提供必要的帮助。快速恢复不同于灾后重建,一般来讲修复的时间比较短、投入也比较少。在快速恢复中公共设施的修复一般由财政或捐赠资金承担,而个人或企业的设施一般由个人、企业自筹资金或银行贷款、保险资金承担,中央或地方政府会给予一定的补助。在恢复后期,属于灾后重建阶段,这时候的资金与常态资金供给相一致,主要以保险资金和银行贷款、企业和个人自筹为主。

二、灾害保险

灾害保险能够给灾民提供迅速合理的支援,减轻政府财政压力,对于应急处置过程及灾后重建工作均有重要的支持作用。与一般的保险类似,灾害保险需要事先设定保费及赔付金额,先投保后收益,保险公司通过收取保费赚取利润。但灾害保险由于被保对象为突发灾害给被保险人造成的难以确定的损失而使保险赔付金额过大,也使保险人具有进行巨额赔付的高风险。

保险是按照合同的规定给付的一种资金,所保对象为灾害带来的损失,不同类型的灾害可能造成不同程度的损失,因此不同的灾害需要匹配不同的保险形式。

灾害保险按照公众购买途径进行划分。保险一般遵循被保人的意愿来决定是否投保,即为自愿购买保险,但对于灾害保险,尤其对于海岸带这样热带风暴频繁高发的区域,为保证灾后恢复重建工作的顺利进行,也存在常态下要求群众强制投保的情况。

选择合适的灾害保险实施形式之后,便可以启动实施程序。首先要对该种可能造成损失的灾害分布情况做比较充分的研究,然后进行该地区域脆弱性方面的评估,在前两个步骤得出的评估结果基础上,进行保费的厘定。产品开发后,即要建立较为全面的预警与监控体系来监督损失的发生,当损失发生后,经鉴定后按协议进行赔付。

通常海岸带灾害发生后,其风险巨大,如果没有政府的主导和参与,商业保险公司是难以承担地震造成的巨额损失的。美国、日本等国家的保险制度,都在设计中突出了政府主导和参与的特征。美国在 20 世纪 80 年代完成了防洪减灾行为的社会化演进,而它们的"联邦洪水保险计划"的基础也是一份详细的"灾害地图"。洪水保险几乎深入到每一个社区,在洪泛平原甚至街区随处可以购到洪水风险和费率图。在此背景下,联邦财政对防洪保险的补贴预计在 21 世纪初削减为零。

延伸阅读

"碧利斯"的应急处置

2006 年 7 月 14 日,"碧利斯"强热带风暴在菲律宾以东洋面生成,14 日 12 时 50 分在我国福建霞浦登陆,之后深入内陆历时 5 天。福建、江西、湖南、广东、广西、贵州、云南 7 省(区)出现大范围持续性强降水天气,导致湘江、北江等 20 多条河流发生大洪水,并引发大面积山洪、滑坡、泥石流和城市内涝等灾害。其大范围、高强度、长时间暴雨给经济发展带来了巨大的损失。共造成浙江、福建、江西、湖南、广东等省(区)3 163.3 万人不同程度受灾,106 和 107 公路等多条重要交通干线一度中断,全国近 30 个机场临时关闭,100 多个航班被迫取消。

就登陆强度而言,碧利斯仅仅达到强热带风暴量级,并不算强,但是其陆上维持的时间、降雨强度以及影响范围却非常大。中国气象局 8 月 10 日上午 9 时 30 分发布了《中国气象局台风应急响应命令》,进入一级气象应急响应状态。国家防总全程密切跟踪监视强热带风暴的发展动向,加强会商和值班。强热带风暴登陆前,先后两次向有关省(区)发出通知,要求相关地区做好灾害防御准备工作,强热带风暴登陆后,及时启动防汛预案,有针对性地对江河堤防防守、水库闸坝调度、山洪灾害防御、危险地区人员转移、妥善安置群众等工作进行部署,并派出2个工作组赶赴防汛一线,督促指导地方的抗洪救灾工作。地方各级党委、政府和防汛抗旱指挥部按照预案,根据台风和汛情发生、发展不同阶段的规律和特点,按照"防""避""抢"的方针,预先防范。湖南省有19名省级领导,1 488名市县级干部连续几天几夜在抗洪一线指挥抗洪抢险救灾。

气象部门随时进行分析会商监测预报。水利部门密切监视雨情、水情,加强水库、闸坝等水利工程的防守和调度,提前预泄腾库迎汛,对危险堤坝采取紧急加固措施,确保了大型水库、重要海堤和江堤的安全。民政部及时就灾害预警预报、灾情上报、转移安置受灾群众等救灾工作进行了安排部署,并会同公安、交通、海洋等部门协助指导地方转移安置海上渔排养殖人员、被洪水围困地区、山洪地质灾害易发区、低洼易涝区等危险区域群众337.6万人。建设部门组织加强高空建筑、架空设施和广告牌等安全检查,及时采取加固、下放或拆除等措施,避免造成人员伤亡。国土资源部门及时部署地质灾害的防御工作,在台风登陆前组织专业技术人员深入乡镇村庄,对地质灾害隐患进行全面巡查、排查,检查预案落实情况。交通、铁路部门积极做好水毁道路抢修工作,保证交通畅通。

国家减灾委、民政部针对受灾省(区)灾情,先后启动5次四级响应、4次三级响应。民政部会同财政部特事特办,及时向受灾省(区)下拨了中央救灾资金2.99亿元,调拨中央救灾帐篷7 500顶;水利部会同财政部及时拨付特大防汛补助费,支持灾区水毁水利设施修复。湖南各级民政部门紧急下拨900万元救灾应急资金,调拨5 000床棉被、1 000顶帐篷和1.2万件衣物用于安置受灾群众。

电力、城建、通信、交通和水利等部门迅速调集力量,抢修恢复水毁基础设施。农业、林业、海洋和渔业部门及时派出技术人员赶赴灾区,指导帮助农民恢复农业生产。经贸部门帮助灾区企业尽快恢复生产。社会各界纷纷捐款捐物,福建、江西、湖南、广东、广西等5省(区)已接受社会捐款8亿元、衣被500多万件和大量食品药品,有力地支援了灾区的抗灾救灾和恢复重建工作。福建省充分发挥气象卫星、天气雷达等台风预警体系作用,全面监控云情、雨情、水情、风情,并及时在互联网公布。浙江省及时启动小流域山洪、地质灾害防御预警体系,为人员提前转移创造了条件。湖南省国土资源厅与湖南省气象局成功预报8起地质灾害,避免100多人伤亡;浙江温州、丽水两市对2 088处地质灾害隐患点进行了排查。

7月16日,福建莆田市赤岐海堤被冲毁200多米,当地市县各级干部迅速赶赴一线,武警部队和干部群众1 500多人,使用麻袋、编织袋9万多条,全力以赴加固堤防,确保了近 7 000 名群众的安全。7 月 19 日,广东清远市清东围支堤发生险情,广东防总立即调集防汛机动抢险队、军队和当地干部群众 2 000 多人进行抢险,在 5 个小时内控制了险情。

思考题

1.海岸带灾害应急资源包括哪些,如何进行管理?

2.根据当地实际情况,编制一份某一单位的应急疏散方案。

第六章

海岸带灾害应急管理技术

【本章要点】

1.应急管理技术的基本概念、种类及作用

2.实现应急管理"智能化"的路径

3.应急信息管理系统的意义

4.实现备灾所需要考虑的因素及备灾的等级

5.3S 技术的组成部分及作用

6.海洋预报的基本概念以及相关技术

7.定位和搜寻的技术种类

习近平指出,要强化应急管理装备技术支撑,优化整合各类科技资源,推进应急管理科技自主创新,依靠科技提高应急管理的科学化、专业化、智能化、精细化水平。要加大先进适用装备的配备力度,加强关键技术研发,提高突发事件响应和处置能力。要适应科技信息化发展大势,以信息化推进应急管理现代化,提高监测预警能力、监管执法能力、辅助指挥决策能力、救援实战能力和社会动员能力。

海岸带灾种多样,成因各异,海岸带不同区域的受灾程度差别也很大,因此海岸带灾害应急管理首先需要充分运用 GPS、GIS、RS 等现代高科技手段,对海岸带灾害进行深入的调查研究,掌握最新的、准确的实时数据信息,在对历史灾害的发生、变化规律及其成因分析的基础上,综合考虑社会经济条件和防灾减灾能力,进行综合灾害规划,制定科学有效的应急处置流程,以期达到最佳的减灾效果。

第一节　应急管理技术概述

应急管理技术是指根据各种应急管理实践与自然科学、社会科学原理而发展成的各种操作方法、技能和装备、设备。根据功能划分，应急技术包括监测技术、应急通信技术、定位与遥感技术、物流运输技术、事故调查分析技术、数据处理分析技术、决策支持技术等。

监测技术主要包括数据库技术、3S 技术、应急通信技术、视频监测技术、无线视频识别技术、雷达技术、人群监测技术、传感技术等。应急通信技术包括卫星通信、数字集群、微波通信、短波通信、计算机网络通信、无线传感器网络、物联网技术、应急通信指挥车等。定位与遥感技术包括地理信息系统（geographic information system，GIS）、全球定位系统（global positioning system，GPS）和遥感技术（remote sensing，RS）这三类。

在应急体系中，物流技术可以协助完成运输、存储、装卸、包装、流通加工、配送、相关信息处理等功能，在应急状态下更高效地实现物流活动中各环节的合理衔接，并取得最佳的经济和社会效益。一个完整的应急物流系统可以按照功能划分为指挥系统、采购系统、物资储备系统、运输系统、配送系统和信息系统六个部分。数据处理分析技术包括案例推理与规则推理技术、数据库、可视化技术、数据挖掘技术、数据仓库技术、联机分析处理技术等。决策支持技术包括应急管理系统平台，集成了通信调度、网络与服务器、移动指挥、数字录音与视频监控、视频会议、应急软件、安全保障等子系统。

在现代大数据、物联网、人工智能、区块链、云计算、互联网＋、远程遥控等新技术发展的大背景下，将应急管理与其结合，将技防与人防、物防相结合，实现应急管理"智慧化"。

第二节　典型技术

一、应急信息管理系统

一旦灾害发生,在很短的时间里采集到准确的灾害信息,并能及时传递到有关人员,不但有助于做出正确的减灾决策,而且能大大减轻生命财产损失。因此,应急信息管理系统应运而生。

应急信息管理系统的建设一般包括纵向的国家、省(自治区、直辖市)、市(地、区)和县(市)四级系统和横向的五大平台、五大数据库、四个中心、四类应用、重点信息工程和两大保证体系。其中,横向的五大平台是指网络通信平台、应急联动平台、专题应急系统、空间信息平台和决策支持平台;四个中心是指身份认证中心、资源管理中心、应急服务中心和应急指挥中心;四类应用是指电子政务应用、社会公共应用、经济运行应用和城市运营应用;重点信息工程包括交通安全、抗洪抢险、地质灾害、地震救灾等方面;五大数据库是指灾害数据库、应急预案数据库、应急资源数据库、指挥体系数据库和应急响应数据库。而两大保证体系则是指安全、组织、资金、人才保证体系以及政策、法规、标准、规范保证体系。

应急信息管理系统结合基于人机交互的应急决策技术,是将"预测—应对"与"情景—应对"两种模式相结合,可以建立合理的"人机"关系,将各种应急技术方法进行有效集成,为灾前预测演练提供智能化支持。

二、备灾技术

备灾的关键方面是社会复原力,即暴露在危险中的社会能及时有效地抵御、吸收、适应和恢复的能力。需要在不断变化的环境中采用不同的方法,而不是修复系统的先前状态。这就要求社会结构具有处理复杂性和不确定性的能力,为未来任何突发情况做好准备。

实现备灾的前提是设计一个灾备系统。灾备是灾难备份的缩略语,包含灾难前的备份与灾难后的恢复。它不仅仅是信息的备份,备份是为了应对灾难来临时造成的数据丢失问题,而灾备技术是为了在遭遇灾害时能保证信息系统正常运行,实现社会运行连续性的目标。需要考虑数据安全保障、网络带宽、数据备份/恢复可用,关系到备份/恢复数据量大小、数据中心和灾备中心间的距离和数据传输方式、灾难发生时要求的恢复速度等。根据这些因素,通常将灾备分为四个等级。

第0级,无灾备中心:这一级灾备,实际上没有灾难恢复能力,它只在本地进行数据备份,并且被备份的数据只在本地保存,没有送往异地。

第1级,本地磁带备份,异地保存:在本地将关键数据进行备份,然后送到异地保存。灾难发生后,按照预定数据恢复程序恢复系统和数据。

第2级,主备站点备份:在异地建立一个热备份点,通过网络以同步或异步方式把主站点的数据备份到备份站点,备份站点一般只备份数据,不承担业务。当出现灾难时,备份站点将接替主站点的业务,从而维护业务的连续性。

第3级,活动灾备中心:在相隔较远的地方分别建立两个数据中心,它们都处于工作状态,并相互进行数据备份。当某个数据中心发生灾难时,另一个数据中心接替其工作任务。这种级别的备份需要配置专用的硬件设备和复杂的管理软件,需要的投资相对而言是最大的,但恢复速度也是最快的。

灾备关键技术由数据复制技术、网络或应用切换技术、基于软件和硬件的重复数据删除技术、数据加密与传输技术等构成。随着备灾技术的发展,灾备的外延也越来越广,不仅包括数据备份和系统备份,业务连续规划、灾难恢复规划预案,还将纳入包括通信保障、危机公关、紧急事件响应、第三方合作机构和供应链危机管理等在内的更多内容。

三、3S 技术

3S技术是遥感(RS)、地理信息系统(GIS)与全球定位系统(GPS)这三种技术的统称。

遥感技术(RS)是泛指所有非接触、远距离的探测技术。利用电磁波、声波、重力、航磁及地震波等感知识别物体。以电磁波遥感为例,其基本原理是:不同物体吸收、反射、散射和发射各种特定波长的电磁波,可通过探测地表物体反射或发射的电磁波,实现远距离的目标识别。遥感的基本过程主要包括:(1)传感器通过获取目标地物反射或反射的电磁波成像;(2)数据传输,通过微波发送给中继卫星或直接传回地面站;(3)数据处理,包括预处理、增强处理及信息提取等;(4)产品的具体应用。

地理信息系统(GIS)是一个采集、存储、管理、分析、显示与应用地理信息的计算机系统,主要由计算机、地理信息系统软件、空间数据库、分析应用模型和图形用户界面及系统人员组成。这是一门集计算机科学、地理学、绘遥感学、环境科学、空间科学、信息科学、管理科学和现代通信技术于一体的新兴边缘学科。

GIS 还具有特殊的"可视化"功能,可通过计算机显示器、投影仪等把所有的信息逼真地再现出来,成为信息可视化工具,清晰直观地表现出信息的规律和分析结果,同时还能动态地在屏幕上监督"信息"的变化,将社会生活中的各种信息与反映地理位置的图形信息有机地结合起来,从而使复杂空间问题的科学求解成为可能。

全球定位系统(GPS)是建立在无线电定位基础上的空间导航系统,由空间卫星、地面监控站和用户设备三部分组成。GPS 作为美国从 1973 年 12 月起,历时 20 余年,投资 300 多亿美元建立起来的服务于全球的卫星导航定位系统,目前几乎已成为所有全球卫星定位系统的代名词。除美国 GPS 之外,还有苏联的 GLONASS、欧盟的 Galileo系统以及我国正在研发完善的北斗导航定位系统等。

GPS 由处于 2 万公里高度、6 个轨道平面中的 27 颗卫星组成。该系统的主要功能是导航、定位及利用原子钟精确授时。常用于在任何时间,向地球上任何地方的用户提供高精度的位置、速度及时间信息,或给用户提供其邻近者的这类信息。利用手持式 GPS,只要能同时接收到 4 颗以上 GPS 卫星的信号,就能迅速确定观测者在地球上的精确位置,比测量定位、罗盘定位等速度要快得多。

3S 技术在功能上存在明显的互补性,RS 和 GPS 就像人的两只眼睛,而 GIS 好比人的大脑,三者结合可充分发挥各自的优势,因此实际应用中常常把它们作为一个有机整体。

首先,RS 具有探测范围广、速度快、时间短,且具有周期性获取遥感数据的能力,因此 RS 可为 GIS 的地理空间数据库提供大量实时、动态、快速、廉价的地理空间数据,并常用于资源环境与灾害的动态监测之中。如陆地表面温度 LST 和海洋表面温度SST(land/seasurface temperature,LST/SST)的反演、洪涝灾害的探测与动态监测等。

其次,GPS 可以为 RS 和 GIS 提供定位信息,用于空间数据的快速定位。GPS 一方面可以为空中和地面的遥感平台提供定位信息,帮助其搭载的传感器获取用户需要区域的遥感影像数据,为遥感数据提供空间坐标;另一方面,GPS 所提供的精确定位信息还有助于遥感影像的几何精校正,从而实现遥感影像几何变形的纠正,并实现遥感影像与其他地图参考系统之间的配准。

最后,GIS 用于对空间数据进行存贮、管理、查询、分析和可视化,可将大量抽象的统计数据变成直观的专题图和统计报表。

例如监测赤潮、绿藻、海洋污染等海岸带灾害时,海洋观测卫星获取了大量的水温、海流、海冰、海浪、海水污染等信息,形成了以卫星遥感数据为更新手段、以地理信息技术为平台、以海自动浮标和海洋站为数据源的多方位立体海洋环境监测网,并形成了世界范围的全球海洋观测系统。此系统不仅在美国、西欧国家,甚至在亚洲,如泰国、印度尼西亚等国也得到了应用,使海洋监测实现了观测自动化、数据处理计算机化、数据传输卫星化、站台网络化。

又如在赤潮检测方面,美国、加拿大、日本、俄罗斯等国通过采用遥感技术监测赤潮获取了一些成果和经验。例如利用多时相的遥感数据,及时预报赤潮发生,减少灾害损失。由于赤潮现象持续时间、发生面积大小不一,对卫星的覆盖周期、空间分辨率、光谱分辨率要求较高,在目前的技术条件下,美国系列气象卫星被选为主要遥感信息源。遥感技术可以真实记录承灾体的暴露性和易损性分析、地表高程数据及建模等。

四、海洋预报技术

海洋预报,是指依照海洋环境特点值的历史资料和实时观测结果,运用专门设计的物理模型和数学模型,对一定海域未来时间内的海洋要素、海洋现象、海洋变异及其可能造成的灾害,以文字、图表、声像等形式进行描述和发布。海洋预报包括风暴潮、海浪、海啸、海冰、海流、海温、盐度、潮汐、海平面转变、厄尔尼诺、水质、海岸侵蚀等。

根据所关注的预报海域和预报要素,世界各国使用各种海洋模式。美国的海洋预报系统主要使用 HYCOM、ROMS 和 POM 等海洋环流模式。使用 NEMO 模式建立的海洋预报系统有法国的 Mercator 系统、英国的 FOAM 系统、意大利的 MFS 系统、加拿大的 CONCEPTS 系统等。使用 HYCOM 模式建立的海洋预报系统有美国的 HYCOM/NCODA 系统和 RTOFS 系统、挪威的 TOPAZ 系统、巴西的 REMO 系统、中国的西北太平洋海洋预报系统等。

五、定位和搜寻技术

灾害发生后,难免会有人员的伤亡。秉承"以人为本、关爱生命"的救援理念,首先需要开展的工作就是救人。定位和搜寻技术是指在复杂的灾害现场迅速寻找受困人员的各种技术,包括物理搜寻、生物搜寻和高科技搜寻三类。

(1)物理搜寻。该技术最为简便,经简单培训即可掌握。最常用的有物理(空间)搜寻、呼叫搜寻和模式搜寻三类。

(2)生物搜寻技术。该技术是对嗅觉灵敏的犬类加以训练,来搜寻废墟中的幸存者。搜救犬具有搜寻效率高、搜寻范围大等特点。目前被各个国家所普遍采用。

(3)高科技搜寻技术。现代科学技术的飞速发展为应急救援的搜寻工作提供了许多高科技方法,主要有红外线、声呐技术、电子搜救、传感器定位技术等。在目标识别、视频分析、智能视频监控、情报监控和侦察方面使用无人机、最佳计算机视觉、云计算等智能视频监控技术,已经在灾害管理中得到普遍认可,可以有效地将灾害预警、灾情发展等信息准确及时地向外界通报。运用物联网技术,获取群众的移动轨迹,分析人口密集程度,引导受灾群众转移疏散到安全地带。

救援机器人的研发也可以在灾后救援过程中发挥人力无法完成的搜救工作。内置大量电器和传感器的多臂机器人及与救援人员进行通信联络的新型智能机器人,能进入坍塌、爆炸等危险环境中进行救援工作。救援机器人除能够行走和提起物品之外,也能作为操作者的"眼睛",为救援行动提供参考。

在避难道路路面上贴上无线射频识别标签,一旦发生灾害,群众便可通过便携装置快速获知避难区域的具体位置。在手机中内置无线射频识别标签,一旦被困,搜救人员可通过无线射频识别技术快速知道被困者的具体位置,节省搜救时间。在重大灾害应急处置中,随身携带的无线射频标签相当于一张"身份证"。

六、其他技术

1997 年美国联邦应急管理局(FEIVIA)发布了融合地理信息系统的自然害损失评估软件系统。该系统包含飓风、洪水和地震的风险评估,对处于灾害危险地区的危险源及其危险性评估,以及可能导致的结构破坏、生命和经济损失评估等。该系统在全球得到广泛应用。

网络技术在防灾减灾中的应用也较为广泛。在日本海域,安装了专门的监测系统,监测大陆块的移动,从而预测海域地震。同时在建筑物和地面之间安装伸缩装置和橡胶等作为调节器,当感知设备接收到类似于地震造成的晃动信息时,便通过互联网直接把详细信息传输给中心控制计算机,计算机根据摇晃程度控制通往伸缩装置的电流来改变伸缩程度,以有效减轻摇晃,从而对建筑物起到减震作用。

 延伸阅读

青岛浒苔绿潮灾害

按照植物分类学,浒苔是绿藻门的一种大型海藻,属于石莼属藻类,无毒,可食用。浒苔藻体呈鲜绿色或淡绿色,由单层细胞组成管状分枝体,易于漂浮生长。自 2007 年以来,每年都有浒苔绿潮在洋流和风力作用下从南黄海向北漂移,并在山东沿岸登陆,浒苔已连续 15 年影响青岛近海一带,对沿岸景观、环境以及养殖产业带来严重影响,历史上最大规模的一轮侵袭发生在 2021 年,黄海浒苔的覆盖面积一度高达 2020 年的

9倍之多。

2021年5月17日,卫星首次在苏北浅滩附近海域发现成规模漂浮浒苔。随后,浒苔向偏北方向漂移,分布面积和覆盖面积迅速增大。青岛发布海洋大型藻类灾害橙色预警,并启动二级应急响应。相关部门利用卫星遥感直升机、海上巡航近岸监控、浒苔追踪器等多手段,全力实施海上阻截浒苔,在海上设三道防线,以最大的能力减少浒苔上岸率。2021年6月30日,青岛所辖海域浒苔覆盖总面积达到峰值,约551平方千米。

青岛市于2008年初制定了《青岛奥帆赛场及周边海域浒苔等漂浮物应急预案》,建立了集海洋监控、环境评价、灾害预报等多项功能于一体的海洋动态监视监测监控系统,同时将卫星遥感、航空监测、船舶巡察、岸台监视等多种先进监控手段和数值模拟预测技术引入灾害处置中,及时掌握浒苔分布区域,并结合潮时、流向、风向等海况因素,科学预测发展趋势和漂移动向,为浒苔灾害预报预警与处置决策提供了定量化、高精度的监测预测信息。同时设置浒苔集中处置点,打捞上岸的浒苔通过货车运送至此,在空地上堆成小山形状,待晾晒一段时间后,再被转运至别处进行处理或再利用。

在黄海中部监测到漂浮浒苔后,青岛市按照预案要求,在第一时间启动了应急监视监测机制,对浒苔发展及漂移进行跟踪监测。同时成立了应急指挥部,指挥部实行准军事化管理。省指挥部由山东省一名副省长任总指挥,国家海洋局一名副局长和青岛市一名副市长任副总指挥,国家海洋局北海分局、省应急办、省发改委、省海洋与渔业厅等单位和部门负责人为成员,下设综合组、打捞一组、打捞二组、技术组、观测监视组等工作组。青岛应急指挥部由市长任总指挥,指挥部分为海上打捞、陆地清运、专家研究、媒体宣传、奥帆场地、后勤保障等工作组,分别由市委常委和副市长负责。

海洋与渔业部门调配渔船和打捞工具等资源,提高浒苔清理效率。城建部门负责组织协调岸边清理和后续处置工作;交通部门负责调剂运力海事部门做好外海浒苔堵截工作;经贸部门承担船舶燃油补给工作;气象部门进行天气和海浪预报;环保部门加强前海一线排污入海的监测监管,并加强浒苔对环境影响的研究;新闻宣传部门进行正确的舆论引导工作;双拥部门协调请求驻青部队支援科技部门要尽快形成科学结论和治本方法;各船只所有单位充分利用各自的船舶资源,参与和协助浒苔清理工作。同时由自然资源部启动联防联控机制,组织山东省、江苏省、青岛市协同应对浒苔绿潮灾害。

截至2021年7月12日,青岛市累计出船12 686艘次,打捞45.77万吨。截止到2021年8月底,浒苔治理接近尾声,浒苔基本消亡。

思考题

1.什么是 3S 技术?

2.什么是备灾技术?

3.当地应急管理信息系统是如何建设的?

第七章

海岸带防灾工程及措施

【本章要点】

1.海岸带防灾工程的基本概念

2.海岸工程建设目的、分类及作用

3.海堤的功能与类型,以及建设海堤应考虑的因素

4.防波堤的作用及原则

5.丁坝的作用功能及种类

6.建筑物选址的基本原则

7.航道减淤措施

8.沿海城市防内涝措施

灾害发生后,海流、海浪和潮汐都有显著的变形,海况险恶,沿海区域会受到严重的冲击,甚至被破坏。因此,有必要变消极防御性减灾为主动性减灾,建设各类海洋防护工程。

海岸带防灾工程是指利用海岸带防灾工程拦蓄调节风暴潮等灾害造成的洪灾,达到控制洪水、减少损失的目的。非工程措施是指通过法律、行政、经济手段以及直接运用防洪工程以外的其他手段来减少损失的措施。改善防灾减灾的工程技术性措施,可以达到最佳的减灾效果。

第一节　海岸带防灾工程

由于海洋环境变化复杂,海岸工程除了经受海水条件的腐蚀、海洋生物的附着等

作用外,还必须能承受地震、台风、海浪、潮汐、海流和冰凌等的强烈自然因素冲击,在浅海区还必须承受岸滩演变和泥沙运移等的影响。因此,海岸工程按建设目的分为海岸防护工程、挡潮闸工程、港口及航道工程、海洋能源开发工程、滩涂和海上养殖工程和围海工程。

海岸防护工程:抵御海浪和潮水袭击,保护岸滩不受侵蚀。

挡潮闸工程:防止海水倒灌,保护淡水资源。

港口及航道工程:发展海上运输,供船舶航行、停泊、装卸货物、接送旅客和进行补给。

海洋能源开发工程:如兴建潮汐、潮流发电站、波浪发电装置等。

滩涂和海上养殖工程:利用海水功能在潮上带、潮间带或浅海栽培动植物的工程设施。

围海工程:围海工程是指在沿海修筑海堤围割部分海域的工程,常配套建筑水闸、船闸、潮汐电站、抽水站、鱼道等,可挡潮防浪,并控制围区水位。

其中,海岸防护工程是海岸带灾害的重要工程设施。海岸防护工程是指保护沿海城镇、工业、农田、盐场和岸滩的工程,即防止风暴潮的泛滥淹没、抵御波浪与水流侵蚀与淘刷的各种工程设施,主要包括海堤、护岸和保滩工程。

一、海堤

在海岸地区,为了防止大潮的高潮和风暴潮的泛滥,以及风浪侵袭造成的土地淹没,会在沿岸修筑的一种专门用来挡水的建筑物,这种建筑物被称为海堤,在我国江苏长江以南和浙江一带也称为海塘。

海堤最基本的功能是防范海岸带灾害,保护人民群众生命财产安全。传统海堤的主要功能是:抵御风暴潮涨水,主要通过设计符合要求的堤顶高程实现。抵御海浪侵蚀,一方面通过在堤前设置潜堤、植被在波浪传递过程中减弱波浪的能量,另一方面通过设置栅栏板、混凝土异型块提高迎水面粗糙程度消浪,此外还通过砌石、混凝土坡面保证迎水面结构强度。中国修堤的历史悠久,在汉代就有海堤。

按结构形式可将海堤分为斜坡式、陡墙式及混合式三种,实际中根据堤身高度、风浪强度、地基地质、建材价格和施工条件等选择适当的结构形式。

(一)斜坡堤

斜坡式海堤根据断面结构可分为护坡堤和土石混合海堤。

1.护坡堤

护坡堤是指以土堤为主,迎水面加干砌或浆砌块石等轻型护坡的斜坡式海堤。外坡坡度系数多为 2～3 m,堤高一般仅为 3～5 m。施工时先堆土方,后砌护坡。护坡堤具有施工快捷、造价低廉的优点。斜坡砌石海堤一般多用于小潮高潮位以上高滩情况。

2.土石混合海堤

土石混合海堤是由主石堤和防渗土体组成的斜坡式海堤。施工时先筑主石堤,要求能单独抵御风浪和潮流的破坏,后加土体用以挡潮防渗。土石混合海堤所需的石方量大,造价高。土石混合海堤可用于最低潮位以下的低滩情况。当堤前水深较大、难以采用块石护面时,防浪结构可采用各种人工混凝土块体。

(二)陡墙式

陡墙式海堤是由外坡坡度系数 $m \leqslant 0.4$ 的陡墙或直墙的石堤构成的海堤,又称海塘。

(三)混合式

混合式海堤是迎水面防浪结构由斜坡式和陡墙式组合而成的海堤。一种混合是下部为砌石陡墙、上部为斜坡。陡墙顶设在设计高潮附近,顶部留一"平台",再接斜坡,这种形式可有效地减小波浪爬高,从而降低堤顶高程。因下部砌石陡墙须干施工,一般只能用于滩面高程较高的情况。另一种混合是下部为斜坡式堆石堤、上部为砌石陡墙。当滩面高程低于小潮低潮位时,宜采用这种形式。斜坡式堆石堤堤顶宜高出平均低潮位,再砌筑陡墙。混合式海堤的防浪结构后侧仍需填筑防渗土体。

对于需要海堤防护的岸段,应根据生态环境、经济社会现状以及场地条件确定是改造现有海堤还是新建海堤。对于内湾、潟湖等风浪不大的海域,主要考虑的是海堤堤身防潮功能;而对于外海风浪较大的海域,海堤建设还要考虑设置植被、生物礁或人工礁防浪带乃至硬质离岸防护系统。

特别要注意的是,在设计时应考虑自然海岸的生态功能以及各生物类群的相互作用关系,例如,要避免在候鸟栖息的滩涂种植植被;设置牡蛎礁时要考虑牡蛎附着对红树植物的不利影响;在河口、淤泥质海岸潮间带可考虑种植滨海沼泽植被;水体透明度高的海域潮下带可考虑种植海草;在基岩海岸可考虑模仿岩礁生态系统设置不规则石块或人工鱼礁;潮下带可考虑设置人工鱼礁、海藻场、牡蛎礁;对于热带海岛应恢复珊瑚礁等。离岸防护系统的离岸堤和潜堤由硬质材料构成,可考虑石块、人工鱼礁、牡蛎礁、珊瑚礁等。

二、防波堤

防波堤是防御波浪、冰凌的袭击,围护港池、保证港内水域平稳,以保护港口免受坏天气影响,为船舶提供平稳、安全的停泊和作业条件。通过减少或阻止泥沙进港,减轻港内淤积,保证港内水深,堤内侧可兼作码头,或安放系锚设备供船舶停靠,节省投资。防波堤设计通常采取以下原则:

(1)防波堤构造及选型应与施工条件相结合。

(2)防波堤建造应充分利用砂石等天然材料,还要尽量采用预制构件和利于海上快速施工的结构形式。

(3)防波堤承受外力主要为波浪力,其兼做码头的同时,还应考虑船舶作用力和码头使用荷载,此外还要考虑冰凌和地震荷载的影响。

(4)由于防波堤在水工建筑物中地位特殊且波浪作用十分复杂,因此防波堤设计往往需借助水力模型进行验证。

(5)防波堤受海水生物侵蚀,因此结构材料需具有耐久性和可靠性。

(6)防波堤地位特殊,为防止其受破坏造成的严重后果,防波堤建筑标准和安全度一般要求较高。

三、避风港

避风港一般设于海湾或港湾,是台风侵袭时中小型船只用以抵御烈风和大浪的庇护所,形式通常是拱形凹进的海湾,有一个狭窄的开口供出入,连接大海的通道多被人造防波堤堵住,船只仅靠狭小的通道进出。在实务上,避风港是一种无装卸设备的港口,其唯一目的是在暴风雨时使船只得到掩护,可以供船只躲避大风浪。也可用于停泊游艇。

避风港一般建立在沿海地区,避风港避风能力的影响因素十分复杂,它涉及渔港的天然防护设施与登陆热带气旋的相对位置、防波堤的设计标准、避风锚地的水域面积、水深、底质、淤积厚度以及渔船的受风面积、锚泊方式等。

避风锚地的划分应依据"深水深用,浅水浅用"的原则,将锚地划分为大型渔船锚泊区、中型渔船锚泊区和小型渔船锚泊区。渔船避风锚泊方式应综合考虑登陆热带气旋的特性、锚地的避风条件和渔船的船型尺度后确定。大型渔船宜选用的锚泊方式为单锚系泊和顶风八字锚,中型渔船宜选用顶风多船并排锚泊,小型渔船宜选用滩涂并排搁浅锚泊。

此外,渔港是综合了渔船停泊与避风的场所。根据渔港功能不同,包括生产型渔港、避风型渔港及综合型渔港。根据渔港等级的不同,可以分为中心渔港、一级渔港、二级渔港、三级渔港和避风锚地。一般来说,仅中心和一级渔港具有防强台风能力。渔港作为一个整体,水工部分的防波堤、码头、护岸、港池航道疏浚等工程,和陆域部分道路、水电、通讯导航等设施保护了渔港功能的发挥。

我国目前渔港形成了有效掩护水域面积 5 100 万平方米,渔港综合防风水平提升到 10 级,可满足 10.2 万艘海洋渔船在 10 级以下(含 10 级)大风天气时的就近分散避风和休渔期停泊。

四、丁坝

丁坝通常是一种与海岸线垂直相交的线型实体结构工程,目的是挡截沿岸搬运过程中的一部分泥沙,形成一个较为宽广的海滩,保护海岸线免遭侵蚀。由丁坝组成的护岸工程,能保护堤岸,又有堵塞岔口和淤填滩岸的作用。丁坝由坝基和坝头组成,其平面形状呈直线型或拐头型。坝头多为流线型、圆头型或斜线型。

按照丁坝坝顶高程与水位的关系,丁坝可分为淹没和非淹没式两种。用于航道枯水整治的丁坝,经常处于水下,一般为淹没式。用于中水整治的丁坝,其坝顶高程有的稍高出设计洪水位,或者略高于滩面,一般洪水情况下不被淹没。

按照坝轴线与水流方向的夹角,可将丁坝分为上挑、正挑、下挑三种。这三种丁坝对水流结构的影响很不一样。对于淹没式丁坝以上挑式为好,因为水流漫过上挑丁坝后,可将泥沙带向河岸一侧,有利于坝档之间的落淤。而下挑丁坝则与之相反,造成坝挡间冲刷,河心淤积,且危及坝根安全。对于非淹没丁坝,则以下挑为好,其水流较平顺,绕流所引起的冲刷较弱,相反上挑将造成坝头水流紊乱,局部冲刷十分强烈。在河口感潮河段,以及有顶托倒灌的支流河口段,为适应水流的正逆方向交替特性,多修建成正挑形式。

丁坝是广泛使用的海道整治和维护建筑物,其主要功能为保护海岸不受海水直接冲蚀而产生破坏,同时它也在改善航道、维护河相以及保护水生态多样化方面发挥着作用。它能够阻碍和削弱斜向波和沿岸流对海岸的侵蚀作用,促进坝田淤积,形成新的海滩,达到保护海岸的目的。

按丁坝的作用和性质又分为控导型和治导型两种。控导型丁坝坝身较长,一般坝顶不过水,其作用是使主流远离堤岸,既防止坡岸冲刷又改变河道流势。治导型丁坝工程的主要作用是迎托水流,消减水势,不使急流靠近河岸,从而护岸护滩、防止或减轻水流对岸滩的冲刷。

第二节 海岸带防灾非工程措施

与灾害管理措施相比,工程措施相当于硬件,而非工程措施相当于软件,可以降低工程措施的投入,提高防灾抗灾意识和能力,较好地弥补工程性措施不足的各种危害,也有利于生态环境建设。工程措施要与非工程措施相结合,加强建筑抗灾能力建设,才能最大限度发挥防灾减灾效益。

一、建筑物选址

从防灾减灾角度考虑,港口城市建设规划时,重要建筑物要避开沉降地区,并遵循以下几个基本原则:

(1)选择时既要适应现在需求又要着眼未来发展。

(2)选区的自然条件、施工条件及人文社会条件良好。

(3)宜选择工程地质条件好的地区,避开断裂带、软弱夹层和炸礁等工程量大的地区。

(4)尽可能避开灾害危险性高的区域,如果不能完全避开,也应尽量选择灾害风险相对较低的区域。

(5)对灾害危险性比较高的城市,宜优先选择组团式结构,形成既适度分散又互为支撑的城市空间结构体系。

(6)为保证组团式城市结构的安全,各组团应建立相对独立的应急保障支撑体系,同时,各组团之间应保证有可靠的交通联系。

同时,对于给水排水系统和输油、输气管线,应整修因沉降而被破坏的交通线等线性工程,使之适应地面沉降后的情况;对地面可能沉陷地区应预估对管线的危害,制定预防措施。

当出现海平面上升导致的地面沉降地区时,要根据灾害规模和严重程度采取地面整治及改善环境。在沿海低平面地带修筑或加高挡潮堤、防洪堤,防止海水倒灌、淹没低洼地区。通过加强海岸工程建设,提高沿岸防御海岸带灾害的能力。

同时,海岸带范围及其背景区域内的建筑物,应当与自然环境、整体风貌相协调。严格控制海岸带及毗连区建筑高度、密度、体量和容积率,严格控制海岸带范围内新建建筑物。自然资源和规划主管部门应当依法划定海岸线的建筑退线距离。海岸线向陆地一侧的建筑退线距离不得小于 30 米;法律、法规另有规定的,从其规定。退线距离范围内,除军事、港口、码头、公共基础设施以及赖水项目的必需设施外,不得新建、扩建建筑物。

二、航道骤淤修复措施

航道骤淤是指由于海港海域浅滩表层存在粉沙层,在台风或者风暴潮时,近岸水流使近岸泥沙向外输送,在风浪过程中表层粉沙被波浪掀起,同时随复杂近岸水流运动,随水流运动的含沙水体经过航道时沉降造成的航道淤积。

目前取得良好成效的减淤措施主要包含以下三方面:

(一)内水冲淤

选择潮汐过程中对冲淤有利的时刻,利用闸内蓄水,排放减淤。尤其是大潮落潮时开闸放水冲淤,效果更加显著。

(二)机械拖淤

在落潮冲淤或放水冲淤的同时,采用机船带动拖耙,将底床泥土松散并使之悬浮,落潮流便可带走更多的泥沙。如果水深大于 4 米,可在拖耙上增设喷气装置,以增强泥沙悬浮效率。

(三)纳潮冲淤

内水紧缺时,可在河口建两个闸,并在其间蓄纳潮水,排放同内水冲淤方法一样,梁垛河挡潮闸曾进行过现场试验,取得了良好的应用效果。采取该方式蓄纳潮水时应注意在潮位较高且含沙量不大的情况下进行,防止大量泥沙在两闸间水道淤积,同时还要防止纳潮时底沙带入。河口筑闸挡潮和筑闸后闸下水道的淤积直接影响航运或完全破坏航运,还直接影响河口生态环境,截断生物迴游,再者闸下淤积也极大降低了挡潮闸排水功能,影响泄洪排涝,因此在河口地区规划设计挡潮闸时应慎重。

三、沿海城市防内涝措施

由于沿海城市的特殊地理位置,当台风、风暴潮等海岸带灾害来袭时,强降水或连续性降水超过城市排水能力致使城市内道路、建筑产生积水灾害,即城市内涝。

2020年10月11日,国家标准《城市内涝风险普查技术规范》(GB/T 39195—2020)由中华人民共和国国家市场监督管理总局、中华人民共和国国家标准化管理委员会发布。2021年5月1日,该规范实施。具体措施包括:

(1)实施河湖水系和生态空间治理与修复。保护城市山体,修复江河、湖泊、湿地,保留天然雨洪通道、蓄滞洪空间,构建连续完整的生态基础设施体系。恢复并增加水空间,扩展城市及周边自然调蓄空间。

(2)实施管网和泵站建设与改造。加大排水管网建设力度,逐步消除管网空白区,新建排水管网原则上尽可能达到国家建设标准的上限要求。改造易造成积水内涝问题和混错接的雨污水管网,修复破损和功能失效的排水防涝设施。

因地制宜推进雨污分流改造,不具备改造条件的,通过截流、调蓄等方式,减少雨季溢流污染,提高雨水排放能力;自排不畅或抽排能力达不到标准的地区,改造或增设泵站,提高机排能力。重要泵站应设置双回路电源或备用电源。改造雨水口等收水设施,确保收水和排水能力相匹配;改造雨水排口、截流井、阀门等附属设施,确保标高衔接、过流断面满足要求。

(3)实施排涝通道建设。注重维持河湖自然形态,避免简单裁弯取直和侵占生态空间,恢复和保持城市及周边河湖水系的自然连通和流动性。合理开展河道、湖塘、排洪沟、道路边沟等整治工程,提高排涝能力,确保与城市管网系统排水能力相匹配;合理规划利用城市排涝河道,加强城市外部河湖与内河、排洪沟、桥涵、闸门、排水管网等在水位标高、排水能力等方面的衔接,确保过流顺畅、水位满足防洪排涝安全要求;因地制宜恢复因历史原因封盖、填埋的天然排水沟、河道等,利用次要道路、绿地、植草沟等构建雨洪行泄通道。

(4)实施雨水源头减排工程。落实"渗、滞、蓄、净、用、排"等措施,因地制宜使用透水性铺装,提高硬化地面中的可渗透面积比例;增加下沉式绿地、植草沟、人工湿地等软性透水地面,建设绿色屋顶、旱溪、干湿塘等滞水渗水设施;优先解决居住社区积水内涝、雨污水管网混错接等问题,通过断接建筑雨落管,优化竖向设计,加强建筑、道路、绿地、景观水体等标高衔接等方式,使雨水溢流排放至排水管网、自然水体或收集后资源化利用。

(5)实施防洪提升工程。统筹支流、上下游、左右岸防洪排涝和沿海城市防台防潮等要求,合理确定各级城市的防洪标准、设计水位和堤防等级。完善堤线布置,优化堤防工程断面设计和结构形式,实施防洪堤、海堤和护岸等生态化改造工程,确保能够有效防御相应海岸带灾害。

(6)提升城市排水防涝工作管理水平。强化日常维护。落实城市排水防涝设施巡查、维护、隐患排查制度和安全操作技术规程,加强调蓄空间维护和城市河道清疏,增加施工工地周边、低洼易涝区段、易淤积管段的清掏频次。汛前要全面开展隐患排查和整治,清疏养护排水设施。完善城市排水与内涝防范相关应急预案,做好城区交通组织、疏导和应急疏散等工作。按需配备移动泵车等快速解决城市内涝的专用防汛设备和抢险物资,完善物资储备、安全管理制度及调用流程。加大城市防洪排涝知识宣传教育力度,提高公众防灾避险意识和自救互救能力。

 延伸阅读

番禺区三防减灾体系

我国的东南沿海地区还经常遭受台风暴潮的侵袭。广州市番禺区地处珠江三角洲腹地、西江和北江下游滨海河网区,属南亚热带海洋性季风气候,季风变化明显。特殊的地理位置和气候条件导致夏秋季节常有台风侵袭以及由此引发的地质灾害、滑坡等次生灾害发生,造成较大经济损失。

为了抵御灾害,减轻损失,番禺区从新中国成立初期就开始逐步建立以堤围为主体,闸、渠、塘和电动排灌站相配套的比较完整的水利工程。番禺有江海堤围30宗,堤线总长(主干堤)764公里。其中海堤20宗,堤线长560公里。大堤水泥窦4 000多座。水闸452座,闸孔总净宽3 350米。固定电动排灌站721座,装机770台,容量2.6万千瓦。小型山塘水库184宗(小Ⅱ型的25宗),总库容1 040万立方米。这些水利工程防御体系在抗御历次洪水和风暴潮袭击中发挥了巨大的作用。但是,由于受各方面条件限制,抗灾能力较脆弱。1994年6月,特大洪水来袭,堤防工程受损严重,西樵大堤决口,造成全区经济损失4.8亿元。1994年至2000年,对全区水利防御体系进行了总体规划,投入资金10.9亿元,建设了一批重点水利工程,整修加固和达标建设堤防,成功抗击了"97.7"、"98.6"洪水和"9910"、"9913"等台风暴潮的袭击。

番禺2008年遭遇超强台风"黑格比",洪水位在两小时内突然暴涨,导致多处堤围溃坝。人们越来越认识到,单纯依靠工程措施等硬件建设已不足以有效防御洪水、台风、风暴潮等水旱灾害,应该更注重采取各种防灾减灾行动降低灾害事件的风险,特别是要加强洪泛区管理、公众避险减灾教育,以及在灾害发生前预测、预警、早期警报、着手准备、联合调度、组织抢险等软件建设,切实降低灾害带来的各种损失,最大限度地保障人身和财产安全。

《广州市番禺区三防预案》是在现有工程设施条件下,针对影响全区性的暴雨、台风、风暴潮、咸潮及山体滑坡等灾害制定的防御方案、对策和措施;是区三防指挥部实施指挥决策和防洪调度、抢险救灾的依据;也是各部门各司其职、各负其责,做好预案

中规定的准备和实施工作的依据。预案明确了区三防指挥部及其成员单位在不同的灾害以及同一种灾害不同级别的职责和任务;规范了诸如抢收农作物、停工停课、防御措施等公众性避灾行为;并对镇(街)的防灾减灾提出了指导性的对策和措施。具体措施包括:

2007年,番禺区提出加快建立区、镇(街)、村(居)三级防灾减灾预案台账,全区17个镇(街)、247个村(居)全部完成了预案的编制工作,为洪水、暴雨、台风等紧急情况发生时迅速反应,保障人民群众的生命财产安全奠定了基础。

工程设施方面,大江江河干堤全部完成达标加固,防洪排涝、河涌景观的重要节点工程雁洲水(船)闸、磨碟头水闸、西海咀泵站、亚运城砺江水闸等重点工程相继建成并投入使用,江河历史险段整治基本完成。非工程措施方面,建立了区、镇(街)、村(居)三级预案台账,防灾减灾的组织体制、联动机制、提前准备、预测、预警、应急响应、保障措施、后期处置初步达到规范化、制度化。

区长对全区的三防工作负总责,并指定一名副职专管。各镇(街)镇长(主任)对本镇(街)的三防工作负总责,并指定一名副职专管。区政府设立区三防指挥部作为全区三防工作的指挥机构,由副区长担任总指挥,有关部门、人民武装部负责人任成员。指挥部设办公室(简称区三防办),是区三防指挥部的常设办事机构,负责管理全区三防日常工作。指挥部下设若干组,由气象、水文、交通、海事、供电、民政、财政、公安、卫生等指挥部成员单位组成。

灾害发生后,全区各地及区三防指挥部各成员单位都要进入三防状态,根据暴雨、台风、风暴潮的等级,分别启动相应预案,各有关单位既要做好本单位的防汛工作,又要按区三防指挥部的统一部署和部门责任制做好预案规定的准备和实施工作。需组织开展汛前检查,对检查出来的薄弱环节和险堤险段应及时改善和抢修,落实预案、物资、人员、措施。

区三防办还制定了城乡排涝专项预案,根据暴雨等级和实时情况,提前调度做好预排工作,在2010年5月广州市一周三场暴雨破了百年纪录,在城区四处受浸的情况下,番禺没有出现大的洪涝灾害。

明确江河洪(潮)水、暴雨、台风、风暴潮、咸潮、工程设施状况的监测和报告责任单位,以及这些灾害的预警信号、量级和发布单位。监测单位须定时报告定时信息和及时报告实时信息。初步建立区三防信息采集系统。通过水、雨、风情自动测报系统,采集江河和水利工程相关的水位、雨量、风力、风向。通过网络电脑终端从三防指挥系统调卫星云图,雨、水、风情等信息进行分析,随时掌握天气,降雨、水情态势,为指挥部提供水文、气象实时资料和预报信息。再通过政府政务网,实现全区洪水灾害信息及洪水预测、预警信息的互通和共享,保障信息传递和反馈的高效快捷。

与预警级别相对应,应急响应分一般(Ⅳ级)、较大(Ⅲ级)、重大(Ⅱ级)、特别重大(Ⅰ级)四级。当气象部门发布预警信号后,由区三防指挥部组织有关成员单位会商,形成启动应急响应的结论,并启动应急响应。所有三防责任单位、镇(街)立即按相应预案及时响应,每级预警的响应行动包含低级别应急响应的所有内容。

明确为水利工程安全、通信与信息、现场救援和工程抢险装备、防洪抢险队伍、交通运输、医疗卫生、治安、防汛抢险和救灾物资、经费、避难场所、技术储备等提供保障的责任单位和保障措施,确保应急抢险顺利高效。

规范紧急避难场所开放,救济物资供应,疾病防疫,灾情统计,恢复生产、交通、通信,归还或补偿临时调用的物资、设备、工具,修复工程等善后工作。开展社会救助,鼓励家庭、企事业单位、社会组织积极参加洪水保险。强调灾后调查和总结,由区三防办组织有关专家对天气和水文形势,工程调度和效益,灾害预测预警系统,群众避难行动,灾害损失,领导决策是否及时、正确,措施是否得当,三防责任单位是否尽职尽责等防灾救灾情况进行调查,对存在的不足和薄弱环节进行完善,在来年开汛前补充完善各级三防预案,对存在过失的人员和责任人追究责任。

番禺区的三防预案基本把本地区可能遇到的水旱风灾害过程事前、事发、事中、事后各个环节的组织规范了起来,初步建立了预警、快速反应、协调、处置的水旱风灾害应急管理机制,为番禺区有效防御水旱风灾害奠定了基础。

思考题

1.海岸带防护工程有哪些?

2.海岸带区域的建筑物选址需要注意哪些问题?

3.航道骤淤修复措施有哪些?

4.举例说明沿海城市防内涝措施。

第八章

我国海岸带灾害应急管理实践

【本章要点】

1.我国海岸带概况

2.我国海岸带的地质特点和气候特点

3.我国主要海岸带灾害种类

4.我国海岸带灾害应急管理机构演变、法制建设和管理体制

5.我国海岸带灾害应急处置

6.我国海岸带灾害应急预警机构、手段和体系

7.我国海岸带灾害应急预案体系和特色

随着我国沿海地区经济的发展,在开发和整治海岸资源的过程中,提高海岸带应对灾害的应急管理能力,对于保障我国的海岸带区域经济的稳定与发展有着重要的作用。新中国成立后,党和国家始终高度重视应急管理工作,我国应急管理体系不断调整和完善,应对自然灾害和生产事故灾害的能力不断提高,成功应对了一次又一次重大突发事件,有效化解了一个又一个重大安全风险,创造了许多抢险救灾、应急管理的奇迹,我国应急管理体制机制在实践中充分展现出自己的特色和优势。

第一节　我国海岸带灾害

一、我国的海岸带

我国海岸带按照向陆域方向延伸 10 公里、向海域方向伸展至 10 公里等深线计算,

海岸带地区(含港、澳、台地区)土地面积约 131.8 万平方公里,约占全国土地总面积
13.7%,全国大约 40%的人口和 60%的国民生产总值集中在这一区域,是我国人口
相对聚集、经济相对发达的地区。

我国海岸线北起辽宁的鸭绿江口,南至广西的北仑河口,处于欧亚大陆与太平洋
的交汇地带,总长度超过 3.2 万公里,居世界之首。其中大陆海岸线长达 1.8 万公里,
岛屿海岸线总长约 1.4 万公里,沿海包括辽宁、河北、天津、山东、江苏、上海、浙江、福
建、广东、广西、海南等省(市、自治区),横跨 22 个纬度带,从北到南,气温逐渐升高,雨
量逐渐增加,具有明显的气候南北分带。

我国的海岸带拥有十分丰富的自然资源,如海涂资源、港口资源、盐业资源、渔业
资源、石油资源、天然气资源、旅游资源和砂矿资源等。另外还蕴藏有潮汐能、盐差能、
波浪能等可再生的海洋能资源。海岸带具有多方面开发和利用的价值。然而,气候变
化、大气中二氧化碳浓度升高、沿海海域养分过多输入、化学污染、海沙减少、围填海等
也正在改变海岸带的物理化学环境。因此,科学利用海岸带资源,减少海岸带灾害发
生,提高海岸带灾害应急管理效率,对我国海岸带地区的可持续发展至关重要。

二、我国海岸带的特点

(一)地质特点

我国海岸带跨越了塔里木、华北和华南两大板块,同时叠加活动断裂带,形成了辽
河、华北、江淮、珠江三角洲等平原的沉降带和胶辽丘陵、浙闽粤等低山丘陵的隆起带,
形成了辽东断裂带、渤海断裂带、郯庐断裂带、苏北断裂带、南黄海断裂带、东南沿海断
裂带、滨海断裂带、台湾断裂带等。这些区域容易造成海岸侵蚀与港口淤积、地面沉降
等特殊类岩土体工程地质问题。

同时,我国的海岸线约有 70%的砂质海岸和大部分泥质潮滩受到了海水侵蚀,侵
蚀岸段的侵蚀速率为 2~10 m/a,局部达 20~40 m/a;淤积海岸的淤积速率在环渤海
海岸 20~50 m/a,局部达 150~400 m/a 以上;在东南沿海海岸淤积速率 10~50 m/a,
部分地区达 150~350 m/a。发生地面沉降的城市占沿海地级以上城市 64%,形成了
长江三角洲、华北平原等地面沉降灾害严重区。海水入侵主要分布在辽宁省沿海、河
北秦皇岛沿岸、山东莱州湾、山东半岛沿岸河口、广西北海等地区,面积约 2 900 平方
公里。

(二)气候特点

我国海岸带气候类型复杂多样,纵跨温带、亚热带和热带,具有显著的季风性气候特点。受全球海平面上升以及人类活动的影响,热带气旋、风暴潮及海浪等自然灾害时有发生。

我国由于降雨季节和空间分布不均,形成了七个相对集中的暴雨中心,包括西北地区、西南地区、华南地区、长江中下游地区、华北地区和东北地区。例如辽宁的千山东南侧、鸭绿江畔的丹东市及黑沟周围地区是黄渤海岸段最大的暴雨中心,年降雨量1 019.1 mm,暴雨日数为4.4天;浙江温州一带年降雨量为1 694.6 mm,暴雨日数为5.1天;福建的宁德和云霄年降雨量分别为2 013.8 mm、1 712.5 mm,暴雨日数为7.4天。

三、我国的海岸带灾害

由于我国海岸带区域的地质与气候特点等自然因素,以及我国对于海岸带区域的人为开发,使得海岸带区域不稳定性增加,灾害发生概率增加。根据我国自然资源部海洋预警监测司编制的《中国海洋灾害公报》,我国的海岸带灾害主要以风暴潮和海浪灾害为主,海冰、赤潮、绿潮等灾害也有发生。

(一)风暴潮

2011—2020年我国风暴潮平均发生次数16.6次,其中,台风风暴潮过程平均发生次数10.1次,温带风暴潮过程平均发生次数6.5次。风暴潮致灾平均次数8.6次。风暴潮灾害直接经济损失平均值为80.82亿元。2011—2020年我国灾害性海浪过程平均发生37.8次;海浪灾害平均20.8次;海浪灾害造成的直接经济损失平均值为1.94亿元,死亡(含失踪)平均值为46人。2011—2020年我国冬季海冰分布面积平均值为24 974 km²。2011—2020年我国平均发现赤潮51次,平均累计面积为4 452 km²。2011—2020年我国海域赤潮发现次数和累计面积如表6-1所示。

表6-1　2011—2020年我国海域赤潮发现次数和累计面积

年份	赤潮发现次数	赤潮累计面积/km²
2011	55	6 076
2012	73	7 971
2013	46	4 070

续表

年份	赤潮发现次数	赤潮累计面积/km²
2014	56	7 290
2015	35	2 809
2016	68	7 484
2017	68	3 679
2018	36	1 406
2019	38	1 991
2020	31	1 748
合计	506	44 524

(二)绿藻

我国的绿潮灾害主要以浒苔藻类为主。2020年4月上旬,在江苏辐射沙洲海域发现零星浒苔绿潮;6月2日,在山东半岛海域发现浒苔绿潮,浒苔绿潮覆盖面积和分布面积不断增大,覆盖面积于6月15日达到最大值,约192平方公里;分布面积于6月23日达到最大值,约18 237平方公里;7月,浒苔绿潮覆盖面积和分布面积迅速减小,进入消亡期;7月下旬,基本消亡。与近五年平均值相比,我国2020年浒苔绿潮最大覆盖面积下降了54.9%,单日最大生物量也从150.8万吨减少至68万吨,持续时间缩短接近30天。

(三)海平面上升

海平面上升的原因很多,包括由气候变暖导致的海水温度增高进而膨胀上升,也有极地冰盖融化等因素造成。我国沿海海平面变化总体呈波动上升趋势。根据我国《2020年海平面公报》,2020年,全球平均表面温度比1850—1900年(工业化前水平)平均值高1.2±0.1℃。在全球变暖背景下,中国沿海海温和气温升高,气压降低,海平面上升。1993—2020年全球海平面上升速率为3.3±0.3毫米/年,中国海平面上升速率为3.9毫米/年,比全球平均水平要高。1981—1990年平均海平面处于近40年最低位;2011—2020年平均海平面处于近40年最高位,比1981—1990年平均海平面高105毫米。

1980—2020年,中国沿海海温和气温均上升,上升速率分别为0.27℃/10年和0.39℃/10年;气压呈下降趋势,下降速率为0.14百帕/10年;2020年,中国沿海海温较常年高0.9℃,气温较常年高0.8℃,气压较常年高0.3百帕,沿海海平面较常年高73

毫米。

我国沿海海平面持续处于高位，直接造成滩涂损失和生态环境破坏，不仅影响沿海地下淡水资源，还削弱海堤防护能力，加大海岸带灾害风险，风暴潮、城市洪涝和咸潮入侵等现象频发，同时，过度的海岸带资源开发与海岸工程建设也会导致沿海地区的地面沉降导致相对海平面上升。

（四）滨海城市洪涝

我国沿海地区如广东、福建、浙江等地，河流水系众多，当极端天气与河流洪峰叠加时，极易形成"风暴潮（台风）—暴雨—滨海城市洪涝"的灾害链条。2020年，受短期极端高海平面和强降雨等的共同作用，浙江、广东沿海均发生不同程度的洪涝灾害。8月3日到6日，受台风"黑格比"影响，浙江沿海局部地方最大降雨量超过550毫米，恰逢天文大潮期，极端海平面达240厘米，多城市发生行洪困难，内涝严重。沿海的农业、工业和基础设施等直接经济损失超过73亿元。同一个月，受台风"海高斯"影响，广东江门持续暴雨，又恰逢天文大潮，极端海平面达237厘米，江门内涝，直接经济损失超过1.5亿元。

（五）咸潮入侵与海岸侵蚀

海平面变化加大了滨海城市洪涝威胁，减弱了港口功能，同时也引发了咸潮入侵、土壤盐渍化、海岸侵蚀等问题，造成了海岸带湿地的损失和生态的改变，对环境和人类活动构成直接威胁。2020年，长江口、钱塘江口和珠江口共发生10次较强的咸潮入侵过程，其中10月16日至11月20日，钱塘江口3次咸潮入侵过程均发生在天文大潮期：10月16—20日咸潮入侵期间，影响南星水厂取水59小时；11月14—20日，出现当年最强的咸潮入侵过程，最大氯离子含量1 140毫克/升，影响南星水厂取水142小时。

2020年，海岸侵蚀较重的砂质岸段主要分布在辽宁、山东、福建和海南沿海，侵蚀较重的粉砂淤泥质岸段主要分布在江苏沿海。辽宁绥中南江屯岸段年最大侵蚀距离11.1米，年平均侵蚀距离5.4米，岸滩年平均下蚀25.5厘米；山东滨州贝壳堤岸段年最大侵蚀距离15.0米，年平均侵蚀距离3.2米，岸滩年平均下蚀2.0厘米；江苏盐城滨海振东闸至南八滩岸段年最大侵蚀距离42.7米，年平均侵蚀距离17.7米，岸滩年平均下蚀9.3厘米。

我国的海岸带灾害除了具有一般海岸带灾害的特点外，还具有自己独特的属性：一是时间分布广。我国海域面积分布广，涉及的灾害类型多，这些灾害发生的时间、地点都不相同，使得我国一年四季都在不同的地方被不同的灾害侵扰，这些持续不断的灾害,给我国沿海沿岸地区带来了持续不断的人员、财产、基础设施伤害。二是灾害损失大。我国的经济发达地区主要集中在沿海一带,沿海地区的工业化水平和人口稠密程度都较高,而受到海岸带灾害影响的也多是这些地区,这就是我国海岸带灾害的损伤远高于其他自然灾害的原因所在。

第二节　我国海岸带灾害应急管理

海岸带灾害应急管理作为我国自然灾害应急管理的一个类别,首先它总体上处于自然灾害应急管理机制框架内。同时由于其具有海洋特性,在灾害监测和预报预警等方面又具有比较明显的海洋特色,与陆域灾害相比,海岸带灾害应急管理需要更专业的管理。但是目前我国没有专门针对海岸带灾害应急管理的机构,其被纳入自然资源部下的海洋灾害管理。

一、我国海岸带灾害应急管理机构

早期,由于我国对海洋的开发利用相当落后,没有设立专门的海洋灾害管理部门,直到1964年才成立由海军代管的国家海洋局,由其承担海岸带灾害的防灾、救灾和灾后重建责任。1980年,海军代管下的国家海洋局由于新时期机构改革的需要,其员工整体转业,从军队序列划到政府部门序列。从1990年起,国家海洋局开始每年对外公开发布《中国海洋环境年报》和年度《中国海洋灾害公报》。从2006年起,每年又发布年度《中国海平面公报》。同时,我国又相继出台海洋灾害应急管理的配套措施,但始终没有出台专门的政策用以应对海岸带灾害应急管理。

2003年后,我国开始建设应急管理的"一案三制"。2005年5月,为了明确海洋灾害防御工作的指导思想和工作目标。2007年,出台《关于加强海洋灾害防御工作的意见》,指出我要开始全面建设海洋灾害应急管理系统,提高各级各部门的海洋环境预警和监测能力,国家(海区)、省、市、县四级海洋灾害预警报业务体系建成。2007年11月,原国家海洋局应急管理领导小组成立,海岸带及海洋灾害应急管理有了明确的责任部门,海洋灾害应急管理中的信息汇总、灾害管理、综合协调、指挥调度等工作还是明确了由原国家海洋局负责。

2008年,原国家海洋局增设海洋预报与减灾司,海岸带灾害应急管理工作的开展进入新阶段。海洋预报与减灾司主要负责实施海洋环境观测预报,负责向沿岸地区预警各类海洋灾害。2011年国家海洋局海洋减灾中心成立。2013年国家海洋局海啸预警中心成立,沿海各级地方部门也相继成立了一批专门的海洋及海岸带灾害预报减灾管理机构。在这一时期,我国海洋灾害应急管理机构、编制人员规模不断增加壮大,为有效防范海洋海岸带灾害、减少灾害损失、维护沿海地区人民生命财产安全和经济社会发展奠定了坚实的基础。

在2018年3月新一轮的国家机构改革中,应急管理部作为独立的国务院组成部门应运而生,主要职责是组织编制国家应急总体预案和规划,指导各地区各部门应对突发事件工作,推动应急预案体系建设和预案演练;建立灾情报告系统并统一发布灾情,统筹应急力量建设和物资储备并在救灾时统一调度,组织灾害救助体系建设,指导安全生产类、自然灾害类应急救援,承担国家应对特别重大灾害指挥部工作。海岸带灾害作为突发事件,其应急管理工作内容也是应急管理部的工作职责。例如,应急管理部下辖的“应急指挥中心”承担应急值守、政务值班等工作,拟订灾害分级应对制度,发布预警和灾情信息,衔接解放军和武警部队参与应急救援工作。

但是,由于海岸带灾害的专业性,应急管理工作同时也由自然资源部的海洋预警监测司、海洋减灾中心、国家卫星海洋应用中心和生态环境部下属的国家海洋环境监测中心、海洋生态环境司等部门共同承担。

海洋预警监测司是自然资源部的内设机构,其职责是拟订海洋观测预报和海洋科学调查政策和制度并监督实施;开展海洋生态预警监测、灾害预防、风险评估和隐患排查治理,发布警报和公报;建设和管理国家全球海洋立体观测网,组织开展海洋科学调查与勘测;参与重大海洋灾害应急处置。

海洋减灾中心是自然资源部直属的财政补助事业单位,具体职责包括:承担全国海洋减灾和生态预警监测业务发展规划、管理制度和标准规范的拟订工作;承担海洋灾害风险评估和区划、重点防御区划定、海洋灾害隐患排查与治理的技术支撑和成果集成等工作,开展相关成果应用研究;承担重大海洋灾害调查和影响评估,承担海洋灾情核查和统计工作,开展海洋灾害典型承灾体受灾机理和受损预警预判技术研究,编制《中国海洋灾害公报》,承担海洋灾害保险推广的技术支撑工作;承担海岸带生态减灾技术体系建设,承担海岸带保护修复管理支撑,开展重大用海项目生态评估工作;承担重大海洋生态灾害和海洋生态受损事件的风险评估和影响评估技术支撑工作;开展海洋防灾减灾和生态预警监测公共服务、决策支撑服务、国际交流与合作、科普宣传教育;承担对全国海洋减灾和生态预警监测的业务指导工作等。

国家卫星海洋应用中心是自然资源部直属的正局级事业单位,主要职责包括:承担海洋卫星遥感应急监测,为海洋突发公共事件和安全保障提供服务和信息支撑;承担海洋卫星数据国际资料交换,组织开展海洋遥感的国际合作和学术交流等。

国家海洋环境监测中心是生态环境部直属事业单位,其主要职责包括:承担海洋生态环境调查、海洋生态本底和污染基线调查技术支持工作;承担重大海洋环境污染事故应急监测、海洋生态环境灾害应急响应与损害评估技术支持工作;承担海洋生态保护红线、海洋生态修复、海洋生物多样性保护、海洋保护地和滨海湿地生态保护监管技术支持工作;开展海洋生态环境保护政策、海洋生态环境损害赔偿制度、重大海洋生态环境问题和全球气候变化海洋生态系统响应研究等。

海洋生态环境司是生态环境部的内设机构,负责全国海洋生态环境监管工作,包括:拟订和组织实施全国及重点海域海洋生态环境政策、规划、区划、法律、行政法规、部门规章、标准及规范;负责海洋生态环境调查评价;组织开展海洋生态保护与修复监管,监督协调重点海域综合治理工作;监督陆源污染物排海,监督指导入海排污口设置,承担海上排污许可及重点海域排污总量控制工作;负责防治海岸和海洋工程建设项目、海洋油气勘探开发和废弃物海洋倾倒对海洋污染损害的生态环境保护工作;按权限审批海岸和海洋工程建设项目环境影响评价文件;组织划定倾倒区;监督协调国家深海大洋、极地生态环境保护工作;负责有关国际公约国内履约工作等。

沿海省市相关部门也成立了类似的海洋灾害应急管理机构。这些机构负责完成日常行政事务,并在灾害发生后负责落实和执行应急管理领导小组的决定,组织协调处理各类应急事项,监督、指导应急平时值班室工作,收集每月发生突发灾害应急事件的总体情况,并以应急工作月报、季报、半年报、年报形式上报国务院应急办组织;同时也负责拟定应急体系建设规划、规章制度和年度工作要点,组织制定应急管理工作培训、宣传、演练计划和实施组织对特别重大、重大海洋灾害和事件的总结评估,对应急管理责任事故的调查和处理等。

二、我国海岸带灾害应急管理法制建设

目前,我国还没有专门针对海岸带灾害应急管理的法律,但在应急管理和海洋灾害管理方面,制定了较为完善的法律体系来规范海岸带灾害应急管理。我国 2007 年开始执行的《突发事件应对法》是专门针对应急管理工作的基本法,专门法有《防震减灾法》《破坏性地震应急条例》等。在海洋海岸带管理的法律法规方面,有《海洋环境保护法》《气象法》《防治海洋工程建设项目污染损害海洋环境管理条例》《防治海岸工程建设项目污染损害海洋环境管理条例》《防治陆源污染物污染损害海洋环境管理条例》《海洋倾废管理条例》《海洋倾废管理条例实施办法》等。

2007 年 6 月,原国家海洋局印发《关于海洋领域应对气候变化有关工作的意见》,提出提高海洋环境观测预警和监测能力,逐步建立国家海区、省、地、县四级海洋灾害

预警报业务化体系,重点加强风暴潮、海浪、赤潮、海平面上升等海洋灾害的观测、预报和预警工作。2009年8月24日,《关于进一步加强海洋生态保护与建设工作的若干意见》出台,提出要积极开展海洋生态修复和建设工程,逐步构建海岸带和近海生态屏障,恢复近岸海域污染物消减能力和生物多样性维护能力,提高抵御海洋灾害以及气候变化的能力。同年9月,《关于加强海洋灾害防御工作的意见》对建立健全海洋灾害监测预警体系、组织制定当地海洋灾害应急预案、组织开展海洋灾害区划及警戒水位核定工作、做好海洋灾害灾情收集、发布及评估工作、加大海洋防灾减灾投入和加强公众教育宣传等方面提出明确要求。

2009年9月7日,原国家海洋局出台《关于进一步加强海洋标准化工作的若干意见》,提出在海洋防灾减灾领域,要制定完善标准海洋站、大型浮标建造和维护、海平面观测与评价等海洋观测系列标准、风暴潮、海浪、潮汐、海温、海冰预报技术指南、海洋灾害预警报等级等海洋预报系列标准,海洋灾害统计、海洋灾害调查与评估、海洋灾害风险评估与灾害区划等海洋防灾减灾系列标准。随后出台的《全国海洋预警报会商规定》规范了海洋预警报会商工作,提高海洋预警报准确率和服务水平,规定年度风暴潮、海浪灾害预测会商、半年度厄尔尼诺(拉尼娜)预测会商、海洋预报月会商、海洋预报周会商和海洋灾害预警报应急会商。2014年9月12日,《关于进一步加强海洋环境监测评价工作的意见》出台,加强了对赤潮绿潮、溢油及其他突发海洋环境事件应急监测评价工作。

2017年11月起实施的《中华人民共和国海洋环境保护法》修订版对防治陆源污染物、海岸工程建设项目、海洋工程建设项目、倾倒废弃物对海洋海岸带环境的污染损害进行了综合规划管理。《海洋石油勘探开发环境保护管理条例》《防止船舶污染海域管理条例》《海洋倾废管理条例》《防止拆船污染环境管理条例》《防治海岸工程建设项目污染损害海洋环境管理条例》《防治陆源污染物污染损害海洋环境管理条例》等一系列海洋海岸带环境保护法规规范了海洋活动中各方对海洋环境保护的责任。

依据国家性的法律法规,我国各级也制定了许多针对地方海洋灾害特点的地方性法规,比如《青岛市海岸带规划管理规定》等。这些地方法律法规也是中国海洋灾害应急管理法律制度的重要组成部分。

三、我国海岸带灾害应急管理体制

我国在海岸带灾害防灾减灾管理体制上实行统一领导、综合协调、分级负责、属地为主的管理体制。

统一领导是指我国的应急管理体制是在党中央、国务院的统一领导下,各级政府分级负责,依法按预案分析、组织、开展突发事件的应急管理工作。国务院负责统筹协调全国的海洋防灾减灾工作。各相关部委根据自身职责承担相应的海洋防灾减灾工作。其中,自然资源部负责海洋灾害监测预警;水利部负责海堤建设和运行管理;交通运输部负责海上交通安全监督管理和突发事件应急处置;农业部负责海洋渔业防灾减灾和灾后生产恢复工作;民政部负责灾害救助工作;公安部、卫健委、住建部、安监总局等部门负责本领域相关的灾害应急处置工作;各级人民政府负责本行政区域内海洋防灾减灾工作。

综合协调是指通过建立一个具有综合协调职能的应急管理机构来负责应急管理各部门在信息、技术、物资、救援队伍等方面的协调工作,各级政府的应急管理办公厅或应急管理办公室负责这项工作。

分类管理就是对不同类型的灾害,分别明确部门职责和责任主体,发挥专业应急组织优势,在专业应急领域内,形成统一的信息、指挥、救援队伍和物资储备系统,便于应急工作开展。

分级负责即根据《国家突发公共事件总体应急预案》内容,按照海岸带灾害的性质、严重程度、可控性和影响范围等因素,将灾害分为四级,根据级别不同分别由各级政府分别管理。

属地为主强调由事发当地政府统一组织实施应急工作,同时发挥纵向应急管理机构的作用,条块结合,保证实现有效的管理。

四、我国海岸带灾害应急处置

海岸带灾害属于突发性事件,灾害发生需要第一时间作出反应,开展应急处置。当前我国对海岸带灾害应急处置的第一要求就是"迅速反应",面对灾害,第一时间组成救灾工作组,保证救援物质和人员到位,同时要第一时间向上级汇报,特别重大的灾害还需要越级汇报,充分体现"快""及时",避免衍生灾害的发生。

我国按照统一指挥、反应灵敏、协调有序、运转高效的要求,已经初步建立起应急管理的工作机制,预警、动员、反应、处置的整体联动不断加强。各级政府设置的应急办公机构在履行应急值守、信息汇总和综合协调职能的同时,在日常管理中与各职能部门、工作机构和有关地区加强联系,建立上下联动、平行协调、内外互动的应急联动机制。

五、我国海岸带灾害应急预警

(一)机构

我国的海洋海岸带灾害预报,依托全国海洋观测网进行。国家海洋环境预报中心、国家海洋环境监测中心、国家卫星海洋应用中心、海区各分局、沿海各省市的海洋预报部门,以及遍布沿海的120多个基本海洋站点是我国所属海域实施海陆空立体式监视监测的主要结构。

(二)监测手段与预警发布

海岸带灾害监测手段包括浮标、岸基测冰雷达、卫星遥感、航空遥感以及海上船舶等,各监测机构将大量的监测数据实时汇总传输到国家海洋环境预报中心,与全球观测网发布的信息进行质量控制比对后,由国家海洋环境预报中心将得到的海洋、气象观测资料及海啸相关信息通过数据传输系统,反馈给各海区预报中心及相关部门。各海区海洋管理部门、沿海省份和主要城市的海洋预报站都可以获得第一手预报资料,从而实现对可能发生的海洋灾害的提前预报。这种信息的及时上传下达,节约了决策咨询时间,以便可以快速做出反应。

(三)立体海洋观测网

我国现已组建起由海洋站网、海洋资料浮标网、海洋断面监测、船舶和平台辅助观测、沿岸雷达站、航空遥感飞机、海洋卫星等多种遥感系统组成的海洋观测网,基本实现了立体观测,成为全球海洋观测系统的重要组成部分。

(四)三级海洋预报预警体系

目前,我国已建成了以国家海洋预报中心、3个海区预报中心和11个省级海洋预报机构为主体的三级海洋预报体系。通过遍布沿海省、区、市的海洋环境预报台站,逐步建立了一个从中央到地方、从近海到远海、多部门联合的海洋灾害预报预警系统。

目前,我国海洋环境预报部门自主开发的多项科技成果已经在风暴潮、海浪、海啸和海冰等海洋灾害防御中发挥了重要作用。

(五)风暴潮举例

以风暴潮为例,我国风暴潮预警级别分四级警报,分别表示特别严重、严重、较重、一般,颜色依次为红色、橙色、黄色和蓝色。国家海洋环境预报中心发布风暴潮级紧急警报红色时,由国家海洋环境预报中心主任或其授权人签发。在1小时内以传真或者其他通信方式报送国务院值班室、国家防汛抗旱总指挥部、国家减灾委员会、国家海洋局、原总参谋部等有关部门,受风暴潮影响的沿海省自治区、直辖市、计划单列市人民政府以及海区、沿海省自治区、直辖市、计划单列市海洋预报中心台等。国家海洋环境预报中心应在2小时内送达中央电视台和中央人民广播电台,负责与中央电视台和中央人民广播电台协商,在就近整点新闻或新闻联播中播放,跟踪播放情况,并将播放情况报海洋局海洋环境保护司。

国家海洋环境预报中心发布风暴潮级紧急警报橙色、黄色警报时,上述预警报同样在1小时内以传真形式及其他通信方式等报送国务院值班室、国家海洋局、国家防汛抗旱总指挥部、国家减灾委员会、原总参谋部等有关部门,受风暴潮影响的沿海省自治区、直辖市、计划单列市政府以及海区、沿海省自治区、直辖市、计划单列市海洋预报中心台等。国家海洋环境预报中心发布的各级风暴潮预警报信息,均在国家海洋环境预报中心网站上公布。各海区、沿海省自治区、直辖市计划单列市海洋预报中心台,根据服务海区确定风暴潮预警报具体发送部门、机构和制定工作流程。

第三节　我国海岸带灾害应急预案

海岸带灾害应急预案是指为降低海岸带灾害的破坏性,保证迅速、有序、有效开展应急与救援行动,而预先制订的行动计划或方案。我国的应急预案框架体系是在2003年"非典"事件后建立起来的。2003年《国家突发公共事件总体应急预案》出台后,根据其要求,我国陆续制定出台了大量的应急预案。2005年原国家海洋局出台的专门针对具体海洋灾害的《风暴潮、海啸、海冰灾害应急预案》和《赤潮灾害应急预案》也是这一总体预案所包含的部门预案,被确定为《国家突发公共事件总体应急预案》的部门预案组成部分,这两个预案还分别在2009年和2015年进行过两次修订。

《风暴潮、海啸、海冰灾害应急预案》和《赤潮灾害应急预案》明确了为应对各种灾害而设置的应急组织体系职责、不同级别灾害的应急响应标准和响应程序、保障措施与预案管理等内容,形成了包含事前、事发、事中、事后等各环节的全套工作运行机制。这两个预案的实施加强了对风暴潮、海啸、海冰及赤潮等主要突发海洋灾害的监测、预报、预警和应对工作,指导减灾防灾工作,降低突发海洋海岸带灾害对人民生命财产安全带来的影响和损失。

在一系列针对不同类型海岸带灾害的国家总体应急预案发布后,沿海地区以其为指导,也制定了省、市、县各级的海岸带灾害应急预案,这些预案既包括了地方性的整体灾害应急预案,也包括了针对有地方特色的海岸带灾害制定的应急预案,如《青岛市风暴潮海啸应急预案》等。

我国预案的编制在充分参考借鉴了美国、日本、俄罗斯等国预案的基础上,形成了鲜明的中国特色:

一是强调我国政治体制的治理优势,强调国家和各级政府在应急管理中的绝对领导地位;

二是具有一定超前性,强调预防为主,弥补了有关法律及规划中无法规定的细节问题,增强了操作性;

三是强调属地管理、条块结合的应急管理体制,既强调地方政府的中心作用,又尊重应急管理专业部门的专业指导作用。

 延伸阅读

2020 年中国海平面公报(节选)

气候变暖大背景下,全球平均海平面呈持续上升趋势,给人类社会的生存和发展带来严重挑战,是当今国际社会普遍关注的全球性热点问题。近 40 年来,中国沿海海平面呈加速上升趋势,随着城市化进程加快,沿海地区面临的海平面上升风险进一步加大。2020 年,自然资源部组织开展了海平面变化监测、分析预测、影响调查与评估等工作。

为使各级政府和社会公众全面了解我国沿海海平面变化及影响状况,积极采取有效措施,保障沿海地区人民生命财产安全和社会经济可持续发展,自然资源部海洋预警监测司组织编制了《2020 年中国海平面公报》,现予以公布。

1.概况

海平面监测和分析结果表明,中国沿海海平面变化总体呈波动上升趋势。1980—2020 年,中国沿海海平面上升速率为 3.4 毫米/年,高于同时段全球平均水平。过去 10 年中国沿海平均海平面持续处于近 40 年来高位。

2020 年,中国沿海海平面较常年高 73 毫米,为 1980 年以来第三高。2020 年,中国

沿海海平面变化区域特征明显。与常年相比,渤海、黄海、东海和南海沿海海平面分别高 86 毫米、60 毫米、79 毫米和 68 毫米;与 2019 年相比,渤海和黄海沿海海平面均上升 12 毫米,东海和南海沿海海平面均下降 9 毫米。

2020 年,中国沿海各月海平面变化波动较大。1 月和 6 月杭州湾及以北沿海、10 月中国沿海,以及 12 月福建和广东沿海海平面均为 1980 年以来同期最高,较常年同期分别高 136 毫米、107 毫米、170 毫米和 159 毫米;8 月台湾海峡沿海海平面为近 20 年同期最低。海温、气温、气压、风和降水等是引起沿海海平面异常变化的重要原因。

受海平面上升和人类活动等多种因素共同影响,2020 年,风暴潮和滨海城市洪涝主要集中发生在 8 月,其中浙江和广东沿海受影响最大;与 2019 年相比,辽宁、江苏、福建和广西沿海部分监测岸段海岸侵蚀加剧;辽宁、河北和江苏沿海部分监测区域海水入侵范围加大;长江口和钱塘江口咸潮入侵程度总体减轻,珠江口咸潮入侵程度加重。

预计未来 30 年,中国沿海海平面将上升 55～170 毫米,应加强基于生态理念的海岸防护,全面提升海平面上升适应能力。

2.中国沿海海平面变化

2.1 全海域沿海海平面变化

中国沿海海平面变化总体呈波动上升趋势。1980—2020 年,中国沿海海平面上升速率为 3.4 毫米/年。从 10 年平均来看,1981—1990 年平均海平面处于近 40 年最低位;2011—2020 年平均海平面处于近 40 年最高位,比 1981—1990 年平均海平面高 105 毫米。2020 年,中国沿海海平面较常年高 73 毫米,比 2019 年略高,为 1980 年以来第三高。

2.2 各海区沿海海平面变化

2020 年,渤海、黄海、东海和南海沿海海平面较常年分别高 86 毫米、60 毫米、79 毫米和 68 毫米,渤海沿海海平面偏高最明显。与 2019 年相比,中国沿海海平面总体略有上升,其中渤海和黄海沿海海平面均上升 12 毫米,东海和南海沿海海平面均下降 9 毫米。

2.3 各省(自治区、直辖市)沿海海平面变化

2020 年,中国各省(自治区、直辖市)沿海海平面均高于常年。其中,河北、天津、上海和浙江沿海海平面偏高明显,较常年分别高 88 毫米、98 毫米、85 毫米和 88 毫米;江苏和广东沿海次之,海平面较常年分别高 74 毫米和 71 毫米;福建和广西沿海海平面较常年分别高 58 毫米和 51 毫米。

3.海平面与气候变化

3.1 海平面与气候变化状况

全球海平面上升主要由气候变暖导致的海水增温膨胀、陆地冰川和极地冰盖融化等因素造成。2019 年,全球二氧化碳浓度创历史新高,为 410.5 ± 0.2 ppm,是工业化前水平的 148%。2020 年,全球平均表面温度比工业化前水平(1850—1900 年平均值)高

1.2±0.1℃,为有观测记录以来三个最暖年份之一。过去10年是有观测记录以来最暖的10年。全球700米以上和2000米以上海洋持续增暖,2020年海洋热含量达历史新高。2020年北极最小海冰范围为有观测记录以来第二低。2019年9月至2020年8月,格陵兰冰盖损失约1 520亿吨冰体。全球平均海平面加速上升,1993—2020年上升速率为3.3±0.3毫米/年,2020年达有卫星观测记录以来的最高值,同期中国沿海海平面上升速率为3.9毫米/年,高于全球平均水平。

在全球变暖背景下,中国沿海海温和气温升高,气压降低,海平面上升。1980—2020年,中国沿海海温和气温均呈上升趋势,上升速率分别为0.27℃/10年和0.39℃/10年;气压呈下降趋势,下降速率为0.14百帕/10年。2020年,中国沿海海温较常年高0.9℃,与2019年基本持平,处于1980年以来最高位;气温较常年高0.8℃,较2019年低0.1℃,与2017年和2007年并列为1980年以来第二暖年;气压较常年高0.3百帕,比2019年高0.4百帕;沿海海平面较常年高73毫米,为1980年以来第三高。

3.2 典型月份海平面变化与气候状况

2020年,中国沿海10月,局部区域1月、6月和12月海平面为历史同期最高。1月和6月渤海和江苏沿海出现长时间海洋热浪,8月台湾海峡沿海出现长时间减水过程,10月南海沿海及12月福建和广东沿海出现长时间增水过程,以及6月、8月和10月区域异常降水事件,均与典型月份海平面异常变化密切相关。

4.中国沿海海平面变化影响及应对策略

4.1 海平面变化影响

近10年中国沿海海平面持续处于1980年以来高位,其长期累积效应直接造成滩涂损失和生态环境破坏,并导致风暴潮、滨海城市洪涝和咸潮入侵加重,影响沿海地下淡水资源。同时,沿海地区的地面沉降导致相对海平面上升,加大海岸带灾害风险。

2020年,浙江和广东沿海受风暴潮和洪涝影响较大;与2019年相比,长江口和钱塘江口咸潮入侵程度总体减轻,珠江口咸潮入侵程度加重;辽宁、江苏、福建和广西沿海部分监测岸段海岸侵蚀加剧;辽宁、河北和江苏沿海部分监测区域海水入侵范围加大。

4.2 海平面上升应对策略

海平面不断上升造成低地淹没、生态系统变迁、沿海现有防护能力降低,加剧风暴潮、滨海洪涝和咸潮入侵,导致岸线不断后退、沿海淡水资源短缺,对沿海地区社会经济可持续发展和人民生产生活产生不利影响。为有效应对海平面上升,促进人与自然和谐共生,提出以下应对策略和建议。

4.2.1 提高海平面监测预警和风险防范能力

提高观测调查和预警水平。加强海平面观测新技术的应用,在极端海平面高发且站点稀疏区域加强海平面观测。加强海平面变化和极端灾害事件的基础信息收集和调查。强化滨海地区地面沉降和堤防高程监测，防范特大城市因地面沉降增加相对海平面上升风险。完善海岸侵蚀和海水入侵长期监测体系，提升极端高海平面、咸潮和滨海城市洪涝等早期预警能力。

提升海平面综合风险防范能力。重点针对沿海特大城市洪涝、淡水资源、海岸防护能力以及土地利用开展海平面上升影响专题评估和综合风险评估。在海平面上升高风险区和极端海平面事件高发区，提高沿海城市和重大工程设施防护标准，加高加固沿海防潮堤；重新校核入海河口段河堤的防洪标准，根据实际情况升级改造；提高沿海城市基础设施防洪排涝能力，防止海水倒灌。

4.2.2 完善海岸带生态预警监测和修复体系

加强海岸带生态预警监测和评估。利用高新技术手段，加强海岸带生态系统预警监测，结合全国国土调查、生态功能区划、自然保护地等成果，掌握气候变化与海平面上升背景下生态状况的时空特征和影响因素，精准评估共享社会经济发展路径下生态系统的面积、分布和功能变化，科学评价生态系统的退化程度、恢复力和修复适宜性。

强化海岸带生态防护与保护修复。加强基于生态理念的海岸防护，推进海堤的生态化改造。基于评价结果选取最优措施开展岸线岸滩保护和修复，及时对海平面上升和海岸侵蚀造成防护林大量损毁的岸段进行修复，对易受海平面上升直接影响的入海河口、海湾、滨海湿地与红树林、珊瑚礁、海草床等多种典型海岸带生态系统进行保护和修复，恢复海岸带生态系统服务功能，提高抵御自然灾害能力。

附录　名词解释

海平面

海平面是消除各种扰动后海面的平均高度，一般是通过计算一段时间内观测潮位的平均值得到。根据时间范围的不同，有日平均海平面、月平均海平面、年平均海平面和多年平均海平面等。

海平面变化

全球海平面变化主要是由海水密度变化和质量变化引起的海水体积改变造成的。全球海平面变化具有明显的区域差异，区域海平面变化除了受全球海平面变化影响外，还受到区域海水质量再分布、淡水通量和陆地垂直运动等因素的影响。

极端海平面

极端海平面是极端天气气候事件或海洋现象发生时显著高于常年同期的海平面，持续时间一般为几个小时，或数月。

地面沉降

地面沉降是因地层压密或变形而引起的地面标高降低。沿海地区的地面沉降是局地海平面上升的重要原因之一。

风暴潮

由热带气旋、温带气旋、海上飑线等风暴过境所伴随的强风和气压骤变而引起叠加在天文潮位之上的海面震荡或非周期性异常升高(降低)现象,称为风暴潮。分为台风风暴潮和温带风暴潮两种。

海岸侵蚀

海岸侵蚀是海岸在海洋动力等因素作用下发生后退和岸滩下蚀的现象。

咸潮入侵

咸潮入侵是感潮河段(感潮河段指的是潮水可达到的,流量及水位受潮汐影响的河流区段)在涨潮时发生的海水上溯现象。

海水入侵

海水入侵是海水或与海水有直接关系的地下咸水沿含水层向陆地方向扩展的现象。

海洋热浪

海洋热浪是指在一定海域内发生的日海表温度至少连续 5 天超过当地季节阈值(即气候基准期内同期日海表温度的第 90 个百分位)的事件,其持续时间可达数月。

思考题

1.我国的海岸带资源有哪些?

2.海岸带灾害应急管理在我国的发展意义。

3.我国海岸带灾害的应急管理机构有哪些?

4.我国针对海岸带灾害的治理优势是什么?

5.设置海岸带灾害情景,编写一份应急管理演练方案。

内容包括:

一 演练依据和演练目的

二 演练组织

(一)主办单位

(二)参演单位

(三)演练指挥部

(四)演练工作小组

三 演练时间和地点

四 演练科目和方案

(一)演练科目设置

项目		单位1	单位2	单位3	...
场景设置					
方案设计					
应急响应	信息报送				
	预警发布				
应急处置	应急指挥				
	应急疏散				
	应急救援				
	伤员救治				
	媒体沟通				
	信息公开				
应急恢复	事故调查				
	现场恢复				
演练评估					

(二)演练方案制订

五 事故情景

演练为期×天,调用多种专业救援力量开展人员、设备及其他资源的实战和推演相结合的全景式综合演练。

场景一描述:

场景二描述:

六 演练时间节点

第一阶段:筹备启动

第二阶段:方案确认

第四阶段:演练彩排

第五阶段:演练实施

七 演练保障

(一)资金保障

演练资金共计××万元,由××承担。合理规划,严格管理,以较少的投入,组织好本次演练。

（二）通信保障

（三）场地保障

（四）装备器材保障

八　演练的评估与总结

第九章

典型国家海岸带灾害应急管理机制与经验

【本章要点】

1.美国海岸带灾害应急管理机制的特点

2.美国海岸带灾害应急管理特色

3.日本海岸带灾害应急管理机制的具体表现

4.日本海岸带灾害应急管理特色

　　海岸带灾害为世界各国的沿海区域带来了巨大的问题,因此归纳总结国外一些国家关于海岸带防灾救灾的应急管理经验和启示,可以帮助我们更好地完善海岸带灾害应急管理的体制与机制。

第一节　美国海岸带灾害应急管理

　　1972年,美国制定出全球第一部针对海岸带活动的《海岸带管理法》,其中包括海岸侵蚀应对等内容,是海岸带灾害管理的最早法律依据之一。

一、美国海岸带灾害应急管理机制

　　美国海岸带灾害应急管理机制实行统一管理、属地为主、分级响应、标准运行。

　　统一管理是指海岸带灾害发生后,一律由各级政府的应急管理部门统一指挥。应急组织系统包括警察、医疗救助、消防、有关政府机构、新闻媒体、社会服务团体、工商企业等部门,政府负责制订应急计划、确定各部门分工等。同时,日常与应急准备相关的工作,如培训、演习、宣传、物资与技术保障等,也是由当地政府的应急管理部门负责。

属地为主是指无论海岸带灾害发生的规模与涉及范围,当灾害发生后,应急响应的指挥任务都由事发地的政府来承担,联邦与上一级政府的任务是协调和援助,一般情况下不会直接指挥。

分级响应强调的是海岸带灾害发生后的应急响应规模和强度,在同一级政府的应急响应中,根据灾害的严重程度和公众的关注程度,可以采用不同的响应级别。美国现在已经形成了以国土安全部为中心,联邦、州、县、市、社区五个层次的应急和响应机构。当地方政府的应急能力和资源不足时,上一级政府可以向下一级政府提供支持。此时,应急管理的指挥权并未发生转移,只是应急资源有了保障。一旦发生重特大灾害,州政府向总统作出报告后,可以从联邦紧急事务管理局负责的"总统灾害救助基金"中申请联邦政府的应急资源。

标准运行主要是指从应急准备一直到应急恢复的过程中,海岸带灾害的应急管理包括物资、信息共享、通信联络、调度、术语代码,甚至文件格式和救援人员服装标志等都要遵循标准化的运行程序。2003年美国建立了基于三个关键系统的国家突发事件管理系统——事件指挥系统、多功能协调系统、公共信息系统。该系统为各级政府、非政府组织、私营部门和机构在灾害发生时提供指导合作,为各类型的灾害提供了一个综合性的标准化应对框架。

2005年美国遭遇"卡特琳娜"飓风,造成近两千人死亡,以及750亿美元的经济损失。巨大的损失暴露了美国应急体系一定程度的不完善。其中发布预警后,救灾程序复杂是延误救灾时机的原因之一。原先的程序是在总统宣布重大灾难之前,联邦紧急事务管理局不能采取行动。发生灾害后需要先向国土安全部部长汇报,再由部长向总统报告,再由总统调动军队,进行应急处置。灾害之后,美国优化了这一程序,通过了《后卡特里娜应急管理改革法》,明确规定联邦紧急事务管理局使命及其局长的任命条件、权限和责任,防止因局长个人能力不足而导致灾害衍生风险的发生。该法案同时是对《斯坦福法案》的修订,扩大了对灾害的定义,增加了总统的权限,如在发生灾难性事件时可以设立长期恢复办公室,确保联邦资金用于灾害的后续恢复工作。同时,国土安全部部长也可以组建一个"浪涌能力部队",以便迅速在灾难性事件中扩充联邦紧急事务管理局与其他联邦机构的工作人员数量,尽量快速帮助开展灾害后应急响应和恢复工作。

二、美国海岸带灾害应急管理特色

(一)管理机构特色

美国国土安全部是联邦政府应急事务管理的最高机构,联邦紧急事务管理局作为其下属单位,直接负责灾害发生后的应急管理工作,是应急事务的主要执行机构。联邦紧急事务管理局整合了全美防灾救灾行政体系,将灾害管理作为行政日常工作,而不是只有灾难发生后才组建的临时机构。

(二)专业建设特色

美国的联邦、州、县、市、社区都有自己的紧急救援专业队伍,它们是紧急事务处理中心实施灾害救援的主要力量。美国联邦紧急救援队伍的 12 个功能组如图 9-1 所示。

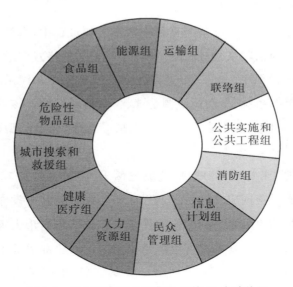

图 9-1 美国联邦紧急救援队伍的 12 个功能组

每组通常由一个主要机构牵头。各州、县、市、社区救援队也有自己的功能组,负责地区救援工作。

(三)应急管理能力评估特色

为正确评价灾害应急管理效能,美国建立了一套州与地方政府应急管理准备能力评估系统。其目的是在美国联邦行政单位向州和地方政府发放灾害紧急援助金时,有所依据。这一评估系统涵盖了美国全境所有州和地方政府的灾害防灾能力评估。

该评估体系主要内容包括危险识别和评估、风险管理、计划、指挥协调控制、物资管理、后勤装备、训练、演习、通信预警、行动程序、公众教育信息、资金管理等各项紧急事务管理职能。每个紧急事务管理职能还将进一步分解,有利于为灾后总结分析提供更详细的数据。

(四)持续的立法保障

2012年10月,飓风"桑迪"袭击了古巴、海地等国家后,又登陆美国新泽西州,导致美国113人死亡,650多万户断电,联合国总部受损。此次灾害应急救援中暴露出缺少对关键基础设施与重要资源的保护规划、民众的防灾避险意识差等问题。

针对这一灾难性事件,美国国会2013年立法《桑迪恢复和改善法》,提供补充拨款救灾方案,提高了联邦紧急事务管理局提供灾害援助的效率和质量。该法针对灾后恢复、灾民援助、争议解决等都进行了细致规定,建立了一套公共援助计划的新程序。

(五)分类预警体系特色

美国国家大气与海洋管理局是负责海啸、海冰、风暴潮、赤潮等海洋灾害预报的核心机构,针对不同灾害,成立了不同的预报预警中心,并保持着与加拿大等国家的合作。

美国的海啸预报中心由国家大气与海洋管理局的西海岸—阿拉斯加海啸预警报中心和太平洋海啸预警报中心组成。他们的主要职责是通过分布在监视区域的地震台站和海洋潮汐台站,评估潜在的海啸地震危险,并发布海啸警报信息。海啸预报中心的海啸预警系统由地震与海啸监测系统、海啸预警中心和信息发布系统构成。

发布海啸警报的通信系统主要有国家警报系统网(语言警报)、气象应急管理信息网、气象无线电通信应急警报系统等。接收海啸通报的网站主要有国务院应急服务系统、相应的军队网站、美国海岸警戒网、联邦应急管理机构网站等机构。信息也可以直接通过电话、电子邮件、互联网等渠道发布。发布的信息内容主要包括海啸警报、海啸监视预报、海啸资讯、海啸信息通报、海啸信息等。

太平洋海啸警报中心位于美国夏威夷檀香山,它既是国际海啸警报系统的中心,也是美国国家海啸预警中心和夏威夷区域海啸预警中心。当地震台站监测到地震,台站立刻分析地震记录,并将数据发送到太平洋海啸警报中心。

美国的风暴潮和巨浪监测预报体系,不仅预报本国的风暴潮和巨浪,还建立了国际网络,提供服务给监测预报信息网络内的成员国。风暴潮和巨浪预报过程包括观察（主要是卫星观察和遥感观察）、分析检查观察数据并进入计算机模型分析、预报、发布等环节。

美国的海冰警报由国家海冰中心发布,由美国海岸警戒机构、美国海军管理。海冰主要通过卫星影像和浮标信息进行观测,卫星数据由通过国防部的气象卫星程序和沿岸扫描传感器的特别传感微波影像获得,浮标信息通过自动收集,动态监测海冰的密度、厚度、漂流方向和温度等获取。海军舰队数字化气象和海洋中心进行操作并负责预报海冰的实时状况,发布海冰预报。

美国的赤潮预报以资讯通报的形式,由国家海洋中心的海洋产品与服务操作系统管理。国家海洋中心的海洋产品与服务操作系统提供赤潮鉴定信息和进一步取样、监测的必要性分析,然后以赤潮通报的形式发布。赤潮预报系统每天收集一次信息,每周在互联网上发布。在赤潮灾害防治方面,美国颁布的《有害藻华和低溶解氧研究与控制法》,是目前最完善的赤潮预警、监控和科学研究的单行性法律。

第二节　日本海岸带灾害应急管理

日本属于海岛国家,海岸线相对更长,而海洋灾害又频发。为了减少海岸带灾害对人们生命财产造成的损失,日本防灾可以说拥有丰富的经验,在某些领域,如海啸预警、精细化防灾救灾方面等,处于世界领先水平。

一、日本海岸带灾害应急管理机制

日本海岸带灾害应急管理表现为中央会议制定对策,日本官房长官指挥,综合机构负责协调联络,地方政府负责具体实施。在日本中央政府一级,无灾时的应急管理由内阁总理大臣召集相关部门如日本银行总裁、日本电信电话株式会社社长、红十字会会长、日本放送协会会长以及公共机关等共同参加中央防灾会议,制订防灾基本计划与防灾业务计划。发生灾害后则在中央设置"非常灾害对策本部"加以处置。在地方政府一级,都道、府、县与市町、村的地方首长和相关人士共同组织参加地区性防灾会议,制订地区性防灾计划。发生灾害后则立即设置"灾害对策本部"为对口机关,处置灾害应急管理实务。

为准确评价灾害应急管理的能力和效果,日本也建立了事后评估体系,包括应急反应与灾后重建计划、居民间的情报流通、教育与训练等方面。为了给每一个项目进行评分,还设定了具体问题。在制订评估地区性防灾能力计划方面,其主要项目包括评估掌握危险、减轻危险、体制配备、信息联络体制、建筑、机械材料以及紧急储金之确保及管理、工作计划策定和居民共享信息、教育训练、重新评估等。

日本形成了包括基本法类、灾害预防和防灾规划相关法类、灾害紧急对应相关法类、灾后重建和复兴法类、灾害管理组织法类等大类别的完善的海岸带防灾法律制度,先后制定了《灾害对策基本法》《灾害救助法》《建筑基准法》《受灾者生活再建支持法》《受灾市街地复兴特别措置法》等法律法规。

同时,日本的"灾害追加型"法律修订补充机制,在发生较大灾害后,及时修订和完善现有法律漏洞,健全法律体系,不断扩大适用范围。例如,关东大地震后,针对灾后交通恢复、物资供应等环节暴露出的一系列问题,在《灾害对策基本法》提出当大范围、大规模灾害发生时,在道路修复方面,建议由国土交通大臣主持修复道路,而不是由地方警察体系主持,明确了中央政府在重大灾害中应该担负的交通修复职责;针对避难生活长期化问题和物资供需不匹配问题,《灾害救助法》指出运用市场机制来提高供需匹配度;在灾后重建方面,制定《灾害重建法》,保障中长期受灾者的救助机制,同时为灾后重建和复兴建立可靠的制度框架。

日本在灾害救助方面的通信设施包括四种方式:基本的通信系统、卫星系统(有28个灾害管理机关都能够通过卫星进行联络和交换信息)、广播联络网(一旦有线的通信网络被破坏,即可及时运用无线系统进行联络)、立川广域救灾通信网(联络各个救灾组织并存储有灾害管理的有关信息)。

二、日本海岸带灾害应急管理特色

(一)海啸预警体系建设

日本是海啸发生最为频繁的地方。在海洋灾害预报警报方面,日本注重日常跟踪地壳运动。日本气象厅和消防厅在全国每个市、盯、村至少设一台地震仪。与此同时,防灾科学研究所又在全国设高灵敏度地震仪台、宽带地震仪台、强地震仪约台。高灵敏度地震仪通过捕捉微震,立体监测地壳内部的岩石运动。宽带地震仪监测超长周期的固体潮,全天候向防灾科学研究所传送数据。日本的地震预警系统已经能够在破坏力大的横波到来前几秒至几十秒推测出震源、震级和烈度,并向企业和居民发出警报。

同时,日本政府在印度洋沿岸建立海啸预警系统。该系统的主要内容是通过已有的人造卫星 24 小时不间断监控水压的变化,一旦感知异常情况,即通过设立在印度洋沿岸各国的警报中心,与区域内各国政府取得联系,随后政府通过防灾行政无线系统通知可能受灾地区的居民紧急撤离。该系统的具体规划由日本总务省和气象厅整理。它首先需要在印度洋上设立能够感知海中水压和水位变化的浮标;再将发送出来的数据通过人造卫星传送到警报中心;警报中心分析异常情况后,根据判断结果,立即向沿岸各国发出警报。

为减少海啸对建筑物的破坏,日本为海啸救灾特地设计出了一种建在海边的钢筋混凝土结构的高塔。当海啸来袭时,来不及逃到高地上的人们可以逃到高塔上。救生塔设计的高度一般依据海啸掀起的最高海浪高度确定。因为滨海城镇大多也是旅游胜地,为了平时可以吸引人们参观,救生塔被特地设计成了博物馆。除了发生地震和海啸,日本也会频繁发生其他自然灾害,如台风、风暴潮等,因此救生塔除了在海啸来袭时为人们提供避难场所,还能在台风、风暴潮等灾害时发挥作用。

除此之外,各地也根据当地地形的不同,设置特别的避难设施。如静冈县的避难设施分为三个级别。第一级,在距离海边不到 10 米的地方,一座小山被削成平台,作为紧急避难地。斜面上建造了避难台阶,台阶入口处设置引导避难标志,平台高 12 米、面积 600 平方米,都用水泥固定。如果海上地震忽然发生,来不及逃远的人们 30 秒内就可登上这里,观察情况后再想办法求救或者转移。

第二级,离海边约 3 公里的地方是临时避难地,这里建有社区防灾中心。社区防灾中心是钢筋水泥建造的三层建筑,设有防灾仓库、厨房和残疾人、老人护理室等设施。防灾仓库中可谓应有尽有,发电设备、简易厕所、帐篷、抽水机、5 万多份太空食品,可供来不及或者无力撤离的居民在此生活一周。

第三级为长时间避难设施,位于山顶的静浦中学,从社区防灾中心有一条避难专用道路通往那里。这里建有更大的防灾仓库,甚至可以升降直升机,人们可以在这里修建临时住宅,等候灾情过去。

(二)防灾研究

在海洋防灾基础研究方面,日本政府一直投入大量的资金。一方面是国家防灾科学技术研究所负责建立完整的防灾救灾科学技术研究体系,调查研究各种类型的灾害发生机理,建立了一整套各种灾害的基础资料和数据库。另一方面日本集中研究开发防灾尖端技术。日本各主要大学也都设立了与防灾有关的学科和专业。学校在培养防灾专业人才的同时,也加强了防灾救灾相关技术的开发研究。其中与海洋灾害有关的主要以下几个方面:

一是异常自然现象的发生机理,包括地球温暖化的相关研究、海底地震综合观测系统的开发、地震综合尖端技术研究等大型研究项目的开发研究。

二是灾害发生时的即刻应对技术,包括系统防灾、救急系统、灾害应急指挥系统的开发建设、三维的地理情报解析系统的开发研究等。

三是都市圈的巨大灾害的减灾对策技术,包括对大都市圈发生巨大灾害时的减灾技术、复兴对策以及支援系统开发研究等。

四是中枢机能以及文化财产的防护系统,包括提高社会和经济活动枢纽的防灾能力、文化财产、科学技术研究基地等资产的防护系统的开发研究等。

五是超高度防灾支援系统,包括有关宇宙和天空的高精度观测技术、通信技术、高机动性输送机械、防灾救命机器人等防灾支援系统的开发,也包括针对灾害的人造卫星利用技术、利用卫星雷达对灾害及地球环境变动的观测研究等。

(三)防灾应急管理工作的精细化

追求细节是日本国民的典型性格,这种性格也反映到日本人对灾害的应对方面。无论是相关的海岸带灾害应急管理法律制定,还是灾后个人求生指南,日本都要求细化到可操作实施的程度。具体表现为:

第一,精细分析灾害情景。

日本防灾中心通过实地摸查,搜集城市中所有房屋的地震抗毁性数据、居住人口等数据,再通过计算机模拟方法对不同等级、不同类型的地震所造成的损失进行情景模拟,从而构建精细化的灾害损失评价系统。以东京都涩谷区为例,在发生首都直下型、烈度 6 级地震的情景下,可模拟出损失结果为死亡 250 人(夜间常住人口的 0.12%)、受伤 5 000 人(夜间常住人口的 2.4%)、建筑物完全毁坏 5 800 间(区内建筑的 15%)。此外,还可对城市管线受损情况进行细致分析,从而估算出包括电力设施停电率、通信设施中断率、燃气设施停供率、供水管道设施断水率、排水管区受灾率等一系列细化结果。

第二是精细化防灾演练。

日本防灾演练的原则是知行合一,理论防灾知识必须都要一一在演练中加以实践,紧急避难场所必须清晰印制避难逃生标志等。

第三是精细化救灾物资储备。

日本既注重救灾物资的标准化设计,又充分考虑到灾民个性化需求。例如涩谷区为短期灾民提供的应急食品,该食品保质期长达 3 年,包含 27 种食源,能够充分保证灾民营养均衡,过敏体质的灾民也可放心食用而不会产生过敏情况。

(四)防灾减灾工作的高度信息化

日本高度重视前沿科技尤其是信息技术在地震防灾中的应用。在防灾教育和培训方面,大量采用虚拟现实技术,真实还原灾害现场,在灾后现场实地教育中,采用最新的增强现实技术对比观察同一地点在不同时期的景观变化情况。在灾害损失模拟方面,构建精细化的灾害损失多情景模拟平台,能够在不同地震情景下,开展损失预先评估,为防灾救灾提供有效的基础支撑。

在防灾信息发布方面,基于地理信息系统框架,集成高分辨率监控探头、实时通信技术等,建立"防灾情报系统"。灾民可以通过手机、客户端登录该系统,了解最新的地震灾害情况,并通过监控就近寻找安全的避难所。此外,还建立包括电子邮件、手机短信、地震专用频道广播、雅虎地震情报等在内的"紧急速报系统",可以提供实时灾害信息。中心机房还配备有紧急发电装置,当电源受到灾害破坏的时候,紧急发电装置可以为中心机房提供持续不断的电力。同时,日本防灾的信息化还体现在灾后舆论监测方面,在"灾害信息论"学科研究中,对于如何引导灾后舆情、禁止谣言传播、挽救声誉危机等方面都展开了研究和实践。

(五)"自下而上"与"自上而下"相结合的救援机制

不同于我国政府部门在灾害中所发挥的支柱作用,日本防灾救灾机制是包含政府、社区和家庭在内的多主体合作抗灾机制。该机制不强调政府的抗灾主体作用,而是各个主体相互协同,各有分工。对于每个家庭要求做好自救工作,主要任务包括储备足够的物资、采取措施防止家具等物品翻倒以免伤害、提高自家住宅的抗震性、确认最近的避难所位置和逃生路线、保持与家人之间的联络不中断等。各社区主要协调本社区居民间的互帮互助工作,包括帮助没有能力自救的人群——老人及残障人士,组织防灾志愿者,定期实施社区防灾演练等。政府的工作是公共救助,要求地方政府工作人员要加入当地的灾害对策机构、避难所、医疗救护所等组织中去,与市民和相关机构(包括警察、消防、自卫队、公共交通、城市管网等)开展联合救灾。

日本更加注重采取"自下而上"的灾害救助方式,做好个人和家庭的自救行动是灾害应急管理的基础。由于这一理念在防灾教育中深入人心,因此日本国民本身形成了较高的自救能力。然而,当前日本政府也有意加强了特别是中央政府在救灾中的主导作用,即采取"补充性原则",虽然依旧按照"个人—家庭—地区社会组织—市町村—都道府县—中央"的救灾排序方式,但是当下级单位无法履行其职能时,上级单位就会介入救灾,从而强化了"自上而下"的救援方式,有利于发挥上级政府在重大海岸带灾害应急管理中的能力。

(六)社会力量在防灾减灾中的角色转变

在灾害应对中,日本的非政府组织(NGO)、非营利组织(NPO)和志愿者在灾害救助中的作用也被强调。灾时志愿者、NGO 和 NPO 与政府部门一起成为构建援助计划、物资分配、生命搜索、杂物清理等灾害管理的参与者。

由于救援力量多元化,在救灾过程中也出现了彼此身份不认同、救灾工作效率不高、信息沟通不畅等问题,因此日本的非政府组织、非营利组织和志愿者作用逐渐从紧急支援过渡到辅助支持。

(七)防灾教育理念

由于日本的灾害多发性,日本将每年的 9 月 1 日确立为"全国防灾日",借此让每个国民熟悉防灾知识,提高灾害应对能力,有利于灾害发生后,国民井然有序、高度配合政府的政策。

日本国民从小就接受内容全面、形式多样的系统的防灾教育。教育省规定,日本将逃生技能列为幼儿必修课,每个学期各级学校都要开展防灾演练。对于这一政策规定,中小学经常组织自救演练,让国民从小就有面对灾害时的心理准备,掌握必要的自救常识。

此外,日本还特别重视防灾教育和防灾训练基地的建设,为人们提供良好的防灾教育培训空间,例如各地设置的地震模拟体验装置,通过逼近真实呈现地震场景,帮助人们掌握地震时的自救措施。

日本的防灾教育不仅包括"灾后爱心教育",而且也强调"灾难中生存教育",要求遵循三个原则:一是不能盲目相信"预测"结果,因为在大自然面前,尤其是以自然灾害为主的海岸带灾害,人类还不能准确预测,当人们太依赖预测,往往会束缚人的主观能动性;二是在地震及其导致的次生灾害面前,人们需要更多的生存技能,进而以更积极的心理准备来迎接灾害对人类的冲击;三是强调人们要主动避难,海岸带灾害发生后,特别是海啸灾害中,第一要务是确保自身安全,只有在保障自身安全的情况下才能施救他人。

 延伸阅读

日本"311"海啸及核危机

2011 年 3 月 11 日,日本东京时间 14 时 46 分 23 秒(北京时间 13 时 46 分),日本东

北部海域附近发生里氏 9.0 级地震，震源深度 24.4 公里。地震引发了最高达 40.5 米的海啸，海啸席卷了日本东北的岩手、宫城和福岛三县，造成福岛第一核电站发生核泄漏。9.0 级地震、40.5 米高海啸和 7 级核泄漏，造成了人类历史上的最重大的灾难事故之一，引发了重大人员伤亡和财产损失。

福岛第一核电站因海水灌入而断电。随后数日，该核电站机组发生爆炸和放射性物质泄漏，6 台机组中，1 号至 3 号机组反应堆发生堆芯熔毁。同时，数十种放射性物质大量泄漏到外界。这些放射性物质污染了福岛周边的一切，包括草木、土壤、物品，甚至是细小的灰尘和空气。4 月 12 日，日本政府依照国际原子能机构标准，把福岛核电站事故等级定为最高的 7 级。4 月 22 日，日本政府把福岛第一核电站方圆 20 公里划为"强制疏散区"，方圆 20 公里至 30 公里划为"紧急疏散准备区"。

日本警察厅数据显示，截至 2020 年 12 月，"311"大地震及海啸和福岛第一核电站事故中，确认死亡人数为 15 899 人，另有 2 500 多人失踪。在灾情最严重的情况下，日本有约 46.8 万人在避难所居住，800 余万户家庭停电，230 余万户家庭停水。"311"大地震 3 个月后，在宫城、岩手、福岛三大重灾区，仍有近 9 万人无家可归，失业率也居高不下。

日本位于环太平洋火山、地震带，是一个突发自然灾害频发的国家。全世界震级在 6 级以上的地震中有 20% 发生在日本。此外，台风和火山活动在日本也发生比较频繁，日本自然灾害的频发使得日本在长期探索自然灾害规律的过程中积累了丰富的经验。

日本政府一直致力于发展地震的预警技术，其临震预警技术在世界上处于领先水平。临震预警能够给人们留出 30 秒到 1 分钟的黄金逃生时间进行自救。在"311"地震爆发之前 1 分钟左右，政府向市民发出临震预警，地震发生 3 分钟后，日本气象厅向沿海 37 个市町村发出了海啸警报。14 时 50 分，日本紧急救灾司令部成立，15 时 14 分，司令部第一次会议召开，菅直人要求内阁官房长官枝野幸男每两个小时召开一次新闻发布会，向公众和媒体同胞公布地震相关情况。

在救援方面，日本形成了包括消防队、警察、自卫队在内的救援体系，地震发生之后，日本消防厅成立"灾害紧急消防救援队"，由 8 个专业队伍组成，快速反应，成为救援的主力，当地警察迅速投入灾害的现场救援和情报收集工作。同时，国际救援队伍、非政府组织也在第一时间发挥了巨大作用，在政府统筹安排下，近 3 万个民间非政府组织进入广泛号召募捐、分配捐助物资和调动志愿者的"战时状态"，有序参与救灾工作，协调心理援助、现场急救、物资调配、搜救等各类专业人才和志愿者，参与灾后的应对措施。民间组织的广泛参与充分调动了社会民众共同应对地震灾害，保障了社会的有序运转。

2012年2月,日本政府成立复兴厅,专职分管灾区重建。2019年11月,日本政府把复兴厅设置期限延长10年,至2031年3月底。

日本政府10年间投入270亿美元用于清除核辐射造成的污染;雇佣75 000名工人清理被核辐射尘埃污染的道路、墙壁、屋顶、排水沟与水管,甚至包括植被和表土,因此清除的土壤、草木废弃物足足有1 048万立方米,因此被装入黑色垃圾袋的辐射垃圾超过千万袋……

截至2020年9月,核电站内上千座储罐存放大约123万吨放射性污水,且每天增加170吨。2011年4月4日,东京电力公司就曾将内含低浓度放射性物质的1.15万吨污水排入大海。时任内阁官房长官的枝野幸男说,这样做是"别无选择"。日本政府于2021年4月13日的内阁会议做出正式决定,将处理过的放射性污水排入大海。

含有放射性物质的污水一旦被排入大海,首先日本太平洋沿岸海域将受到影响,特别是福岛县周边局部水域,之后污水还会污染东海。一家来自德国的海洋科学研究机构的计算结果显示,从排放之日起,57天内放射性物质就将扩散至太平洋大半区域,3年后美国和加拿大就将遭到核污染影响。此外,核废水中不仅含有放射性氚,还包括碳14、钴60和锶90。科学家指出,和氚不同,它们需要更长的时间来降解,并且它们很容易进入海洋沉积物,且很容易被海洋生物吸收。这些同位素对人类具有潜在的毒性,同时能以更长久和复杂的方式影响海洋环境。

✍❓ 思考题

1.美国海岸带灾害应急管理有哪些经验和启示?

2.日本海岸带灾害应急管理有哪些经验和启示?

参考文献

[1]董胜,郑天立,张华昌.海岸防灾工程[M].青岛:中国海洋大学出版社,2011.

[2]王日升.海岸及近海工程[M].北京:人民交通出版社,2020.

[3]郭振仁.海岸带空间规划与综合管理[M].北京:科学出版社,2013.

[4]郑大玮.灾害学基础[M].北京:北京大学出版社,2015.

[5]王宏伟.健全应急管理体系探析——从制度优势到治理效能[M].北京:应急管理出版社,2020.

[6]刘强,吴绍洪,吕咸寿等.海岸带全球变化综合风险评估及减灾策略[M].北京:科学出版社,2020.

[7]王小军.海岸带综合管理法律制度研究[M].北京:海洋出版社,2018.

[8]容志,王晓楠.城市应急管理:流程、机制和方法[M].上海:复旦大学出版社.2019.

[9]郭烽仁.土木工程灾害防御及其发展研究[M].北京:北京理工大学出版社,2017.

[10]许欢,魏娜.中国应急管理发展研究2020[M].北京:应急管理出版社,2021.

[11]毛德华.灾害学[M].北京:科学出版社,2011.

[12]李树刚.灾害学[M].北京:煤炭工业出版社,2015.

[13]李百齐.海岸带管理研究[M].北京:海洋出版社,2011.

[14]李雪峰.应急管理通论[M].北京:中国人民大学出版社,2018.

[15]李雪峰.应急演练规划指南[M].北京:中国人民大学出版社,2018.

[16]李雪峰.应急演练准备指南[M].北京:中国人民大学出版社,2018.

[17]李雪峰.应急演练实施指南[M].北京:中国人民大学出版社,2018.

[18]李雪峰.应急演练评估指南[M].北京:中国人民大学出版社,2018.

[19]迈克尔·K.林德尔(Michael K.Lindell),卡拉·普拉特(Carla Prater),罗纳

德·W.佩里(Ronald W.Perry).公共危机与应急管理概论[M].王宏伟,译.北京:中国人民大学出版社,2016.

[20]姚国章.日本灾害管理体系:研究与借鉴[M].北京:北京大学出版社,2009.

[21]钟开斌.回顾与前瞻——中国应急管理体系建设[J].政治学研究,2009(01):78-88.

[22]旻苏,李波,汪滨.日本地震法规概览[J].世界标准信息,2008(09):31-35.

[23]骆永明.中国海岸带可持续发展中的生态环境问题与海岸科学发展析[J].中国科学院院刊,2016(10):1133-1142.

[24]孙欣.我国渔港防台风建设及其措施[J].沈阳农业大学学报(社会科学版),2013,15(1):38-41.

[25]朱晓东,李杨帆,桂峰.我国海岸带灾害成因分析及减灾对策[J].自然灾害学报,2001(11):26-33.

[26]缪波,王江.境外项目施工现场应急管理工作探讨[J].现代职业安全,2019(2):3.

[27]钟兆站.中国海岸带自然灾害与环境评估[J].地理科学进展,1997(03):44-50.

[28]黎健.美国的灾害应急管理及其对我国相关工作的启示[J].自然灾害学报,2006,15(4):33-38.

[29]许春晓.福建沿海地区主要海洋灾害类型及其防灾建议[J].福建水产,2009(09):84-86.

[30]王小军.制定我国海岸带管理法的思考[J].中国海洋大学学报(社会科学版),2017(01):49-54.

[31]陆双龙,张建兵,蔡芸霜,等.基于文献计量学的我国入海河口营养盐研究状况分析[J].海洋环境科学,2021,40(02):309-316.

[32]晏维龙,袁平红.海岸带和海岸带经济的厘定及相关概念的辨析[J].世界经济与政治论坛,2011(01):82-93.

[33]冯砚青,牛佳.中国海岸带环境问题的研究综述[J].海洋地质动态,2004(10):1-5.

[34]赵锐,赵鹏.海岸带概念与范围的国际比较及界定研究[J].海洋经济,2014(02):58-64.

[35]周军,地质灾害和自然灾害有什么区别[J].防灾博览,2019(04):56-59.

[36]李信贤.广西海岸防护体系中防护林的作用与树种选择[J].广西科学院学报,

2001(02):82-86.

[37]孙才志,孙冰,郭建科,等.基于"湖泊效应"模型的辽宁省海岸带陆地范围测度及其时空分异分析[J].地理科学,2015,35(07):805-813.

[38]何萍.论滨海湿地保护的制度完善[J].环境保护,2017,45(04):18-20.

[39]王东宇,刘泉,王忠杰,等.国际海岸带规划管制研究与山东半岛的实践[J].城市规划,2005(12):33-39,103.

[40]吴恙,杜国云.海岸带地学旅游资源的开发模式研究——以烟台市为例[J].鲁东大学学报(自然科学版),2014,30(02):148-154.

[41]陈林生.海岸带区域可持续发展评价方法研究[J].经济问题,2018(01):111-117.

[42]曹伟,李仁杰.粤港澳大湾区海岸带生态安全逻辑框架与策略[J].华侨大学学报(哲学社会科学版),2021(03):71-80.

[43]许妍,曹可,李冕,等.海岸带生态风险评价研究进展[J].地球科学进展,2016,31(02):137-146.

[44]张灵杰.美国海岸带综合管理及其对我国的借鉴意义[J].世界地理研究,2001(02):42-48.

[45]葛兆帅.中国海岸带自然灾害系统研究[J].徐州师范学院学报(自然科学版),1996(02):56-61.

[46]张拂坤,邹川玲,刘淑静.大型海水淡化工程风暴潮灾害风险评价体系研究[J].自然灾害学报,2015,24(04):212-218.

[47]黄婉茹,张尧,黎舸,等.海洋灾害调查与风险评估[J].城市与减灾,2021(02):14-19.

[48]于良巨,施平,侯西勇,等.风暴潮灾害风险的精细化评估研究[J].自然灾害学报,2017,26(01):41-47.

[49]丁辉.安全风险术语辨析(连载之三)[J].中国应急管理科学,2020(03):81-86.

[50]殷杰,尹占娥,许世远.沿海城市自然灾害损失分类与评估[J].自然灾害学报,2011,20(01):124-128.

[51]梁爽,贺山峰,王欣,等.城市内涝灾害致灾机理分析与研究展望[J].防灾科技学院学报,2020,22(03):77-83.

[52]翟国方,夏陈红.我国韧性国土空间建设的战略重点[J].城市规划,2021,45(02):44-48.

[53]陈剑飞,苏志,罗红磊.2001—2018年广西沿海风暴潮特征分析[J].气象研究与应用,2020,41(02):21-24.

[54]张雷,涂慰云,孙蔡亮,等.基于GIS图层叠置法的莆田市雷灾脆弱性研究[J].海峡科学,2017(12):84-86,97.

[55]徐阳.我国海洋灾害应急处置能力提升研究——基于青岛市的案例分析[J].华东理工大学学报(社会科学版),2017,32(06):83-90.

[56]陈涛.标准化的应急指挥体系与专业化的应急队伍——从伊利诺伊州看美国应急指挥体系和培训情况[J].中国应急管理,2009(02):47-50.

[57]吴亮,庞磊,樊佳奇,等.绿地系统与防震减灾协同规划——以昆明市嵩明县城为例[J].住宅与房地产,2016(15):215-216.

[58]国务院应急管理办公室.跨区域应急管理合作机制建设调研报告[J].中国应急管理,2014(03):7-10.

[59]王滢,曾坚,王强.日本城镇海啸避难所规划策略研究[J].国际城市规划,2017,32(06):84-90.

[60]初建宇,陈灵利.防灾避难场所选址规划研究综述[J].世界地震工程,2014,30(01):139-144.

[61]张网成,宇星梅,卢炳兵.我国灾害应对中的志愿者功能分析[J].社会治理,2018(09):52-58.

[62]王娟.突发事件中的政府与媒体沟通策略[J].辽宁行政学院学报,2019(04):51-55.

[63]黄林.电力企业档案应急管理体系的建设分析[J].电力与能源,2020,41(06):774-777.

[64]赵寒青.地面应急避难场所与地下空间联动模式探讨[J].中国市政工程,2020(04):64-67,103-104.

[65]文越.各地综合减灾示范社区创建特色[J].中国减灾,2017(07):31-33.

[66]阚凤敏,关妍,程姚英,等.关于推进社区综合减灾工作的若干观点[J].中国减灾,2020(13):36-39.

[67]陈新平,曾银东,李雪丁,等.海洋灾害应急管理体系研究——以连江海洋减灾综合示范区为例[J].海洋开发与管理,2019,36(03):38-44.

[68]陈莉,贾群林.英美应急预案编制的启示与借鉴[J].中国应急救援,2019(06):22-25.

[69]赵鹏,朱祖浩,江洪友,等.生态海堤的发展历程与展望[J].海洋通报,2019,38(05):481-490.

[70]赵含雨,芦超,郑灿堂.河道防洪治理工程丁坝设置应注意的问题[J].山东水利,2020(11):32-34.

[71]王刚,陈国强,王占行,等.渔船避风锚地建设内容探讨[J].中国水产,2013(04):22-25.

[72]孙晓明,张开军,杨齐青,等.中国海岸带环境地质图简介[J].中国地质调查,2015,2(05):52-55.

[73]缪旭明,高拴柱,张静.超强台风"威马逊"成因及应对[J].中国应急管理,2014(09):47-49.